生猪
健康高效
养殖技术

李华磊◎主编

中国农业出版社
北　京

图书在版编目（CIP）数据

生猪健康高效养殖技术／李华磊主编. -- 北京：
中国农业出版社，2024. 7. -- ISBN 978-7-109-32234-9

Ⅰ. S828

中国国家版本馆 CIP 数据核字第 2024H82U66 号

生猪健康高效养殖技术

SHENGZHU JIANKANG GAOXIAO YANGZHI JISHU

中国农业出版社出版

地址：北京市朝阳区麦子店街 18 号楼

邮编：100125

责任编辑：张艳晶

版式设计：杨　婧　　责任校对：吴丽婷

印刷：北京通州皇家印刷厂

版次：2024 年 7 月第 1 版

印次：2024 年 7 月北京第 1 次印刷

发行：新华书店北京发行所

开本：880mm×1230mm　1/32

印张：8

字数：200 千字

定价：38.00 元

编委会

主　　编：李华磊

副主编：王　华　陆安法　孙　伟

参　　编（按姓氏笔画排序）：

<table>
<tr><td>王　健</td><td>王　娟</td><td>毛同辉</td><td>石建华</td></tr>
<tr><td>田宏智</td><td>冉隆权</td><td>付昌友</td><td>任明晋</td></tr>
<tr><td>刘运飞</td><td>刘杉杉</td><td>杨　礼</td><td>杨　蛟</td></tr>
<tr><td>杨桂芬</td><td>吴继标</td><td>张前卫</td><td>周亚丽</td></tr>
<tr><td>周忠凤</td><td>郑晓刚</td><td>胡小红</td><td>柳光春</td></tr>
<tr><td>徐　伟</td><td>崔　炜</td><td>韩加敏</td><td>雷荷仙</td></tr>
<tr><td>裴毅敏</td><td>熊　勇</td><td>樊　蓉</td><td></td></tr>
</table>

前言

　　养猪业目前正处于一个变革时期，想让猪的生长性能发挥得更好，品种、营养、猪舍环境、生物安全防控等全方位管理缺一不可。养猪业能够持续性经营的前提是养殖户盈利，并持续向市场提供猪肉。养猪户主要关注料重比、产仔率，避免猪周期及疫病风险。因此，优良的饲料原料、精细的加工工艺、合理的饲料配方、精准的饲养管理等，对于生产经营尤其重要。

　　猪肉安全问题关系人类健康和民生问题。为了保障猪群的健康，为社会提供安全健康的放心猪肉，就要保障生猪养殖的所有投入品（饲料、饮水、兽药、疫苗等）以及环境卫生安全，因此，需要投入时间和精力观察猪群，认真思考，再付诸行动。在猪场、屠宰场、超市等环节建立安全卫生系统，保证猪肉质量安全可追溯。

　　作为畜牧行业工作者，我们有机会接触到行业的一些领先理念和技术资料，希望能够与同行们一起分享，提供哪怕微薄的帮助，也是我们最大的心愿。

由于作者水平有限，本书难免会有不妥之处，敬请读者批评指正，以便日后修订完善。

编　者

2023 年 10 月

目录

前言

视频目录

第一章

猪场盈利法则 —————

猪场持续性经营才能让养猪业健康持续发展，因此，保证养猪业健康持续发展的前提是猪场盈利。

第一节　正确看待行情

养猪最怕猪价下跌和猪患疫病。我国生猪养殖市场是一个全国性的完全竞争市场，由于猪肉消费增速相对平稳，供给的周期性波动导致猪肉价格和养殖利润呈周期波动特征。回顾 20 余年来猪价变化，2001—2004 年受自然猪周期影响，猪价出现巨幅波动。2005—2008 年由于猪蓝耳病的暴发，导致猪价在 2006 年出现最低谷。2009—2017 年，受猪流行性腹泻和伪狂犬病双重威胁，以及国家对环保整治力度的加强，这 8 年猪价呈波浪式起伏变化。2018 年猪价达到了最低谷，同时，由于非洲猪瘟在全国各地相继发生，紧接着 2019 年猪价出现跳水式的低谷，2020年无论养猪集团还是中小型养殖场和散户利润都有大幅增长。2018—2022 年养猪模式和资金来源都发生了巨大的变化。目前看，我国猪周期以 3～4 年为一个周期，并且受规模养殖比例持续上升的影响，猪周期有拉长的趋势。散养户由于投入少，进入和退出市场比较灵活。而规模养殖户由于固定资产等投入较大，退出成本高，即使在行情低迷的时候也必须保持一定的养殖规模。

单个猪周期内，持续盈利时间长，则底部持续亏损时间相对较短。

第二节 科学防病

常言道，"家财万贯，家中带毛的不算"。养猪场每年因疫病死亡造成的经济损失非常大，导致养猪生产成本不断增加，经营无利或亏本。目前，我国猪病种类繁多、复杂多变，混合感染、继发感染逐年增多（图1-1）。发病往往呈非典型化，给临床诊断造成困难。变异菌株的出现，导致原有疫苗保护效力出现下降。

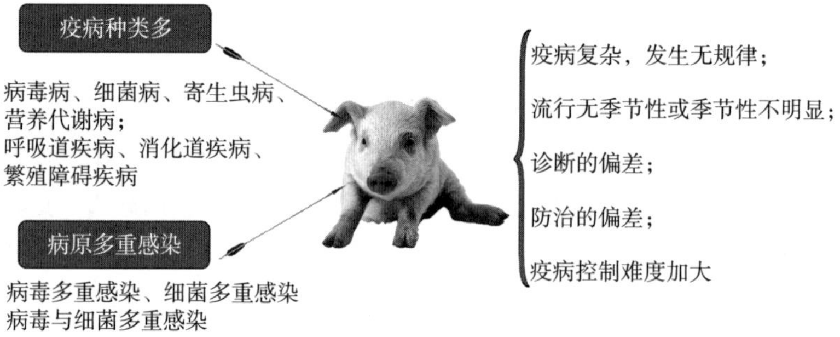

疫病种类多

病毒病、细菌病、寄生虫病、营养代谢病；
呼吸道疾病、消化道疾病、繁殖障碍疾病

病原多重感染

病毒多重感染、细菌多重感染
病毒与细菌多重感染

疫病复杂，发生无规律；

流行无季节性或季节性不明显；

诊断的偏差；

防治的偏差；

疫病控制难度加大

图1-1 猪病特点

疫苗免疫接种是我国疫病控制的主要技术手段，生产中应使用安全性好、免疫效力高的疫苗，采用合理的免疫程序，并做好免疫后的效果监测。合理规范用药，应建立完善的药物预防和治疗方案。动物疫病控制不是单纯的兽医问题，药物、疫苗不是治疗和预防疫病的"灵丹妙药"，做好猪场的生物安全管理才是前提。生物安全防控能有效降低和切断病原微生物传入猪场或猪群，是疫病预防和控制的基础，因此做好猪场生物安全工作意义重大。生物安全对猪场来说其实是一个疫病净化问题，涉及养猪的全过程，猪场的大环境、小环境和微环境都是生物安全体系的涉及范围。正因为生物安全体系涉及的范围如此广泛，并且对象又是看不见、摸不着的病原微生物，是最容易麻痹大意的一个环节，因此生物安全的执行程度非常重要。

疫病传播有三个必需的条件：传染源、传播途径、易感动物。相应地，阻止疫病传播的生物安全控制有三个原则：消灭传染源、切断传播途径和保护易感动物。消灭传染源的方法是灭源，切断传播途径的方法是消毒，保护易感动物的方法是防疫、检测、营养、环境、管理和隔离。三个环节紧紧相扣，缺一不可，任何片面的方式都达不到理想的效果（图1-2）。

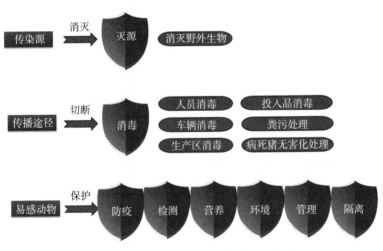

图1-2　阻止疫病传播的生物安全三道关

第三节　成本核算

养猪成本核算是猪场进行产品成本管理的重要内容，是猪场不断提高经济效益和市场竞争能力的重要途径。猪场成本核算就是对猪场内的仔猪、商品猪、种猪等产品所消耗的劳动和劳动价值的综合计算，得到每生产单位产品所消耗的资本总额，即产品成本。成本管理是在进行成本核算的基础上，考察构成成本的各项消耗数量及其增减变化的原因，寻找降低成本的途径。养猪是个长效投资过程，投入是养殖过程中各个环节的资金投入，产出是养殖生产中所带来的经济效益。

一、生产成本构成

养猪产品成本是猪场在生产销售养猪产品过程中所消耗的各种费用的总和，是养猪产品价值的主要组成部分，是衡量养猪企业经营管理水平的重要经济指标。计入养猪生产总成本的项目一般包括直接成本、间接成本、人工成本和土地成本。直接成本包括仔猪购入费、饲料费、燃料动力费和水费、医疗防疫费、死亡损失费、技术服务费、工具材料费、设备维修维护费及其他直接费用。间接成本是指不直接计入产品生产成本，需要进行分摊的费用，包括固定资产折旧费、管理费、财务费、保险费、营销费等。人工成本包括家庭用工折价和雇工费用。

养猪生产总成本＝生产成本＋土地成本＝直接成本＋间接成本＋人工成本＋土地成本。

其中：

（1）仔猪购入费　指养猪场购买仔猪支出的费用。

（2）饲料费　指饲养各类猪群直接消耗的各类精饲料、粗饲料、青绿饲料、动物性饲料、矿物质饲料、多种维生素和药物添加剂等费用。

（3）燃料动力费和水费　指猪场耗用的全部燃料的费用，包括煤、汽油、柴油等的费用，以及能直接由各阶段栏舍电表计提供的费用。水费指猪场各阶段栏舍水表提供的用水费用。

（4）医疗防疫费 指猪群饲养过程中直接消耗的药品和疫苗费用。

（5）其他直接费用 不能直接列入以上各项的费用。

（6）固定资产折旧维修费 指各猪群的猪舍和专用机械设备的折旧和维修费。

（7）管理费 非直接生产费，即共同生产费。

二、生产成本核算

为了加强对猪场各阶段饲养成本的控制和管理，多采用分群核算。分群核算是将整个猪群按不同生理阶段或饲养工艺划分为若干群，分群归集生产费用，分群计算产品成本。核算群一般划分为基本猪群、幼猪和育肥猪群。

1. 基本猪群成本的计算

基本猪群包括基本母猪、种公猪、后备公母猪和未断奶仔猪。基本猪群的主要产品是仔猪，副产品是猪粪。仔猪的成本计算，主要是断奶仔猪活重单位成本和每头断奶仔猪的成本。其计算公式如下：

断奶仔猪活重单位成本＝断奶仔猪群饲养费用÷断奶仔猪总增重

每头断奶仔猪成本＝（基本猪群的饲养费用－副产品产值）÷断奶仔猪头数

2. 幼猪和育肥猪群的成本计算

幼猪和育肥猪群包括断奶仔猪、育肥猪、后备猪及基本猪群中淘汰作为育肥的猪。主要产品是增重量，副产品是猪粪、猪鬃及处理病死猪的废料价值。成本计算主要包括增重单位成本和活重单位成本，由此计算出销售成本、调出成本和期末存栏成本。其计算公式如下：

幼猪和育肥猪的增重单位成本＝幼猪和育肥猪的增重总成本÷幼猪和育肥猪的总增重＝（全部饲养费用－副产品价值）÷〔期末存栏幼猪和育肥猪的活重＋本期内出群猪的活重（包括死猪）－本期内转入本群的猪的活猪－期初存栏幼猪和育肥猪的活重〕

幼猪和育肥猪活重单位成本＝幼猪和育肥猪的活重总成本÷幼猪和育肥猪的总活重＝（期初活重总成本＋本期增重总成本＋购入和转入本群猪的活重总成本－死猪残值）÷〔期末存栏活重＋期内离群猪活重（不包括死猪）〕

求出猪的活重单位成本之后，就可以分别确定期内离群猪和期末存栏猪的总成本。

期内离群猪活重总成本＝期内离群猪总活重×本群猪活重单位成本

期末存栏猪活重总成本＝期末存栏猪总活重×本群猪活重单位成本

三、效益分析

效益分析是对经营结果做出的评价。任何生产经营都是以获取利润为根本目的，也只有获得利润才能生存和发展。因此，对每次生产行为进行收益评估十分重要。

养殖场（户）在每批生猪出栏后，通常都会计算整批生猪的总利润和头利润，以及成本利润率。

总利润＝总销售额－总成本

1. 产品率分析

（1）仔猪成活率

仔猪成活率＝断奶成活数/母猪产活仔数×100％

（2）育肥猪日增重

育肥猪日增重＝(猪群育肥结束体重－猪群育肥开始体重)/
(育肥猪头数×育肥天数)

(3) 料重比

料重比＝育肥猪群饲料耗量/育肥猪群增重

2. 盈利分析

总产值＝猪场主副产品销售收入＋自食自用收入＋存栏折价收入

养猪生产中断奶仔猪和肉猪为主产品，副产品一般为粪肥、自产饲料、自配的混合饲料等。

(1) 盈利和利润 盈利指企业总产值减去生产成本和销售费用之后的纯收入。盈利分为利润和税金。利润指企业在一定时期内生产经营活动的最终成果，是反映企业生产经营活动质量的一项综合性指标，集中反映企业经营管理工作的成效。

(2) 劳动生产率 指单位时间内所生产的猪的产品量或产值，或生产单位猪产品所需要的劳动时间。

(3) 养猪生产率 分为母猪生产率和育肥生产率。母猪生产表示年平均每头母猪生产的断奶仔猪数。

(4) 育肥猪生产率 表示每头肥猪提供的产肉量。

(5) 适繁母猪头均产肉量 指猪场年度内平均每头适龄繁殖母猪提供的肉产量。

(6) 养猪利润率 反映每头猪（母猪或肥猪）所提供的纯收入。

(7) 资金利润率 为销售利润和资金占用之比。指占用每100元资金所创造的利润，从资金角度利用的效果，

(8) 产值利润率 为销售利润和产值之比。指每100元产值能创造的利润额。

3. 盈亏核算

总利润（或亏损）额＝销售收入－生产成本－销售费用－税金±营业外收支净额。

（1）仔猪出生成本＝（1头母猪1年所需直接成本＋间接成本＋人工成本＋土地成本）/当年生产的活仔猪数量。

（2）保育成本＝直接成本＋人工成本＋土地成本＋仔猪死亡分摊＋猪场投资折旧分摊。

（3）育肥成本＝直接成本＋间接成本＋人工成本＋土地成本＋保育猪死亡分摊＋猪场投资折旧分摊。

（4）出栏肥猪成本＝（仔猪出生成本＋保育成本＋育肥成本）/出栏体重＋0.1%不可预见费用。

全部销售收入等于全部成本时（销售收入线与总成本线的交点），猪场经营既无亏损也无盈利，达到盈亏平衡点。当销售收入高于盈亏平衡点时，猪场盈利；反之，猪场亏损。

第四节 猪场盈利

猪场盈利，持续性经营，为社会提供安全的猪肉产品，是现代猪场共同追求的目标。猪场养殖效益是指收入减去成本。

收入＝上市肉猪数量（头）×每头猪的上市体重（千克）×每千克的市场价格（元）

上市肉猪数＝PMSY（每头母猪年出栏肥猪数）×存栏母猪数
PMSY是由猪场的生产力水平决定的。

每头猪上市时体重一般在125～150kg，不同市场对于肉猪上市体重的喜好有所不同。

市场价格随市场浮动变化，猪场很难把控。

猪场成本分为仔猪成本、伤亡成本、管理成本和产肉成本。猪场管理就是紧紧围绕着猪场盈利、持续性经营这一目标，降低料重比（FCR），提高每头母猪每年产健康仔猪的数量（PSY），增加成活率和出栏率（图1-3）。

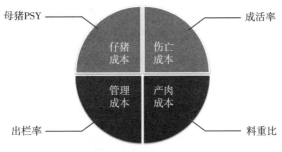

图1-3 猪场管理目标

本着复杂问题简单化处理的原则，具体量化猪场盈利的目标即：提高每头母猪每年产活仔猪的能力，减少死淘率，降低料重比（图1-4）。

断奶活仔数	断奶后死淘率	全程料重比
多生	少死	长得快

图1-4 养猪生产水平三大关键指标

因此，猪场饲养管理的关键控制点就在品种、营养、猪舍环境、生物安全和管理。自繁自养的养殖户养好母猪，能降低仔猪成本；加强防疫与管理，提高成活率与出栏率；养好仔猪，促进骨架与肠道发育，提高饲料消化吸收率；优化猪只品种与猪场存栏结构；改良圈舍条件，确保母猪生产及肥猪生长。猪场经营管理包括制度化管理、人性化关怀、培训化管理、数字化管理和精细化管理，要将管理制度化、流程化、表格化，提高人事效率，降低人力成本。精细化管理常用"5S"管理模式，详见图1-5。

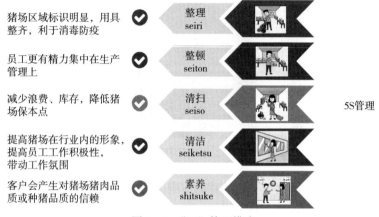

猪场区域标识明显，用具整齐，利于消毒防疫　✓　整理 seiri

员工更有精力集中在生产管理上　✓　整顿 seiton

减少浪费、库存，降低猪场保本点　✓　清扫 seiso　　5S管理

提高猪场在行业内的形象，提高员工工作积极性，带动工作氛围　✓　清洁 seiketsu

客户会产生对猪场猪肉品质或种猪品质的信赖　✓　素养 shitsuke

图1-5　"5S"管理模式

第二章
猪场投入品及环境卫生安全

为了保障猪群的健康，为社会提供安全健康的放心猪肉，就要保障生猪养殖的所有投入品（饲料、饮水、兽药、疫苗等），以及环境卫生安全（图2-1）。

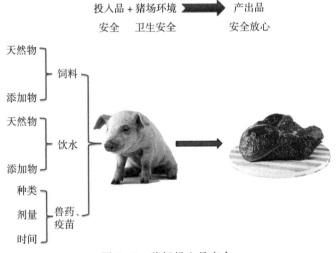

图2-1　猪场投入品安全

第一节　饲料安全

饲料是生猪吃饱吃好的关键。饲料及饲料添加剂是现代养猪业的物质基础和技术保障，是补充生猪营养、保证产品品质的必要措施，也是国际普遍推广的技术。传统的单一饲料只能解决生猪"吃饱"的问题，而营养性添加剂主要是饲料级的氨基酸、维生素，是为了解决生猪"吃好"的问题。饲料添加剂在饲料中用量很少，但作用显著。

饲料成本占养猪生产总成本的75%以上，要降低猪群料重比，提高猪场盈利水平，就必须全面深入地了解猪的营养。猪的饲料配制需从饲料原料、配方、加工工艺等多维考虑。作为猪营养的载体——饲料产品要想完美发挥效能，需要由营养学专家制订出优质配方，经饲料厂精良加工，除此还要被猪场科学地使用才能得以实现。

一、猪的营养

（一）猪的营养成分

猪的营养中最重要的营养成分包括水分、能量、蛋白质（氨基酸）、矿物质和维生素。

（1）水分　水分是最基本也是最重要的营养物质，是猪体中比例最大的组成成分。猪场很多环节都要用水，猪饮用水占比最大。猪每采食500g干饲料需要饮2.5~3L水。不同阶段猪的饮水需求及水质要求见表2-1。

表2-1　不同阶段每头猪的饮水需求及水质要求

项目	指标	公猪	后备母猪	妊娠母猪	哺乳母猪	哺乳仔猪
饮水要求	每分钟水流量（L）	2.0~2.5	1.5~2.0	2.0~2.5	2.5~3.0	0.5~1.0
	每天饮水量（L）	15~20	15~20	15~20	18~30	
	每千克饲料耗水量（L）	5~7	5~6	5~7	6~8	
	饮水器高度（cm）	65~75	60~70	65~75	65~75	10~15

（续）

项目	指标	公猪	后备母猪	妊娠母猪	哺乳母猪	哺乳仔猪
水质要求	pH	5～8	5～8	5～8	5～8	
	每0.1L水中的总大肠菌群数（个）	<100	<100	<100	<100	
	每0.1L水中的细菌数（个）	<105	<105	<105	<105	

（2）能量　能量是营养素碳水化合物和脂类新陈代谢释放出来的。能量是所有营养素的基础，其他营养素代谢离不开能量的支持。能量需要体系包括消化能体系、代谢能体系和净能体系。消化能体系，计算方法为总能减去粪能，应用最广泛；代谢能体系，计算方法为总能减去粪能，再减去尿能，更多在家禽上运用；净能体系，计算方法为总能减去粪能、尿能，再减去热消耗，属于精准的营养体系。

猪饲料中常见原料的能量水平见表2-2。可见，能量水平高的饲料有玉米、小麦。作为能量饲料，每千克玉米含9.5×10^3J净能，小麦含1.0×10^4J净能，如果只考虑供能，优先选择小麦。如果玉米价格高于小麦价格的1.03倍，用小麦替代玉米就能降低成本。

表2-2　不同原料的能量水平

常见饲料原料	消化能（J/kg）	代谢能（J/kg）	净能（J/kg）
玉米	1.5×10^4	1.4×10^4	9.5×10^3
小麦	1.4×10^4	1.3×10^4	1.0×10^4
大麦（裸）	3 240	3 030	2 430
大麦（皮）	3 020	2 830	2 250
高粱	3 150	2 970	2 470
米糠	3 175	3 065	1 845
麦麸	2 370	2 155	1 580

（续）

常见饲料原料	消化能（J/kg）	代谢能（J/kg）	净能（J/kg）
大豆粕	3 530	3 255	1 805
花生粕	3 245	3 005	1 865
猪油	8 285	7 950	5 100
牛油	8 290	7 955	4 925
豆油	8 750	8 400	5 300

（3）蛋白质　蛋白质是一类含氮有机化合物，除了含碳、氢、氧外，还含有氮、硫、磷等其他元素。所有蛋白质都含有氮元素，而且各种蛋白质的含氮量非常接近，平均为16%，即氮含量＝蛋白质的量×16%。由此推理蛋白质的量＝氮含量×100/16＝氮含量×6.25。

蛋白质水解的最终产物是氨基酸，氨基酸是构成蛋白质的基本结构单位。早期用日粮粗蛋白水平间接反映猪对氨基酸的需要量，而事实上猪需要的营养物质不是蛋白质，而是合成蛋白质的氨基酸。

氨基酸按照营养需求，可分为必需氨基酸、半必需氨基酸及非必需氨基酸。必需氨基酸指机体自身不能合成或合成速度不能满足机体需要，必须从食物中摄取的氨基酸，主要包括赖氨酸、苏氨酸、色氨酸、蛋氨酸、异亮氨酸、缬氨酸、亮氨酸、精氨酸、组氨酸和苯丙氨酸10种。半必需氨基酸能够由机体合成，但通常不能满足正常的需要。非必需氨基酸指机体内能够合成，不需要从食物中获得的氨基酸，如甘氨酸、丙氨酸。

猪理想蛋白中的必需氨基酸和非必需氨基酸比例应达到最佳平衡。理想氨基酸模式常以赖氨酸为100的必需氨基酸相对比例表示，称为必需氨基酸理想模式。以赖氨酸为基准，主要因为赖氨酸的分析测试简单易行，主要功能是合成蛋白质。赖氨酸的需求量大，且是常用日粮的第一或第二限制氨基酸。理想氨基酸模式从机体维持、生长发育、繁殖等方面确定，目前没有一个氨基酸模式适用于所有情况。

对蛋白质原料质量优劣的评估首先应考虑氨基酸的含量及其利用能力，特别是赖氨酸含量。以豆粕和棉粕为例，豆粕质量要显著优于棉粕，作为蛋白质饲料，豆粕每千克含蛋白质0.46kg，棉粕每千克含蛋白质0.39kg，如果只考虑蛋白质，优先考虑豆粕；如果价格差异超过100元/t，优选棉粕而不是豆粕。

（4）矿物质　矿物质元素在猪日粮中的比例很低，但对猪的健康极为重要。矿物质元素分为常量元素和微量元素。占体重0.01%以上者为常量元素，如钙、磷、钠、氯、镁、钾等。占体重0.01%以下者为微量元素，如锌、铜、铁、锰、碘、硒等。

饲料中铜、锌等重金属能促进生猪生长，但超标准的重金属随尿液、粪便排放到环境中，容易引起重金属污染。饲料中添加高铜和高锌有促进猪生长和预防疾病等作用，且属于低毒金属元素，《猪饲养标准》（NY/T 65—2004）中提出了不同阶段猪的营养需求量。铅、镉、汞、砷、铬等重金属无促进生猪生长的作用，同时还存在中毒风险，因此一般均为附带添加或者来源于饲料污染。猪饲料中重金属允许添加量见表2-3。

（5）维生素　维生素是为维持机体正常代谢活动所需的营养成分，是保证机体组织正常生长发育和维持健康所必需的营养元素。猪日粮中的维生素可分为脂溶性维生素和水溶性维生素。

维生素易受光照、温度、湿度、氧化等因素的影响降低活性，发生损耗。一般情况下，大多数维生素预混料的储存时间不应超过3个月。不同生长阶段的猪对维生素需求的种类及需求量标准不同，所处区域不同，缺乏的维生素情况也不同。所以在饲料制造过程中应充分考虑猪的生命周期、地域因素配制饲料。

表 2 - 3　猪饲料中重金属的允许添加量

（单位：mg/kg）

项目	重金属					
	锌 Zn	砷 As	铅 Pb	铬 Cr	镉 Cd	汞 Hg
参考标准	NY 929—2005	GB 13078—2017	GB 13078—2017	GB 13078—2017	GB 13078—2017	GB 13078—2017
仔猪配合饲料（体重<30kg）	≤250	≤2	≤5	≤5	≤0.5	≤0.1
生长育肥猪前期配合饲料（体重 30～60kg）	≤250	≤2	≤5	≤5	≤0.5	≤0.1
生长育肥猪后期配合饲料（体重>60kg）	≤250	≤2	≤5	≤5	≤0.5	≤0.1
种公母猪配合饲料	≤250	≤2	≤5	≤5	≤0.5	≤0.1

(二) 猪的营养需求

猪的生长状况取决于每天的营养摄入量，而营养摄入量是每天的营养浓度与采食量相乘的总量决定的。猪的营养模式中需关注饲料好不好、采食量够不够。饲料产品好不好，不单指营养素的高低，与产品定位、原料选择、配方设计、生产工艺等因素相关。猪营养素水平的设定都是以预计采食量为基础来进行的。猪场在选择饲料的时候除了要关心饲料的营养浓度外，还应了解饲料的采食量及料重比的标准，二者缺一不可。采食量受饮水供应量、饲料的饲喂方式、养殖密度、舍内温度、湿度、光照，以及猪群的健康状况等因素影响。

猪的不同阶段营养需求不同（表 2-4），种猪从后备猪开始进行全系统营养设计，以提高种猪繁殖效率和后代健康度；仔猪重视早期肠道健康和骨骼肌肉的充分发育；生长育肥以达到全程单位增重饲料成本最低。在营养体系中均衡营养的核心，即净能体系、可消化氨基酸和理想氨基酸平衡。净能体系有助于更精准地评价饲料的有效能值，合理利用副产物，降低配方成本；可消化氨基酸可准确评估饲料原料蛋白质价值，是氨基酸合理利用的基础；理想氨基酸平衡模式可提高日粮蛋白质利用率，节能减排。

二、猪的饲料原料

(一) 常用饲料原料

饲料应选择易于消化吸收、有毒有害物质（如抗营养因子、霉菌毒素等）少、系酸力低、黏稠性低的原料。能量饲料（玉米、高粱、大麦、麸皮等）粗蛋白含量比较低，即 10% 左右，

表 2-4 不同猪群的营养需求

猪群	项目	猪营养标准 (2020)	NRC (2012)	推荐值
保育仔猪断奶前期	体重 (kg)	3~8	5~7	6.5~10
	净能 (MJ/kg)	10.91	10.25	10.25~10.91
	粗蛋白质 (%)	21.0	26.0	19.0~20.0
	钙 (%)	0.90	0.85	0.6~0.7
	总磷 (%)	0.75	0.7	0.65~0.75
	有效磷 (%)	0.57	0.41	0.4
	赖氨酸 (%)	1.42	1.7	1.5~1.6
	蛋氨酸 (%)	0.41	0.49	0.40~0.48
	蛋氨酸+半胱氨酸 (%)	0.78	0.96	0.82~0.90
	苏氨酸 (%)	0.84	1.05	0.95~1.01
保育仔猪保育前期	体重 (kg)	8~25	7~11	10~20
	净能 (MJ/kg)	10.53	10.25	10.25~10.53
	粗蛋白质 (%)	18.5	23.7	18.0~19.0
	钙 (%)	0.74	0.8	0.6~0.7
	总磷 (%)	0.62	0.65	0.63~0.75
	有效磷 (%)	0.37	0.36	0.35~0.4
	赖氨酸 (%)	1.22	1.53	1.3~1.4
	蛋氨酸 (%)	0.35	0.44	0.35~0.42
	蛋氨酸+半胱氨酸 (%)	0.67	0.87	0.72~0.80
	苏氨酸 (%)	0.72	0.95	0.85~0.95

（续）

猪群	项目	猪营养标准（2020）	NRC（2012）	推荐值
保育仔猪保育后期	体重（kg）	25~50	11~25	20~30
	净能（MJ/kg）	10.37	10.10	10.10~10.37
	粗蛋白质（%）	16.0	20.9	17.0~18.0
	钙（%）	0.63	0.7	0.6~0.7
	总磷（%）	0.53	0.6	0.6~0.7
	有效磷（%）	0.27	0.29	0.30~0.35
	赖氨酸（%）	0.97	1.4	1.2~1.3
	蛋氨酸（%）	0.29	0.4	0.30~0.75
	蛋氨酸+半胱氨酸（%）	0.55	0.79	0.65~0.75
	苏氨酸（%）	0.60	0.87	0.75~0.85
生长育肥猪育肥前期	体重（kg）	50~75	25~50	30~60
	净能（MJ/kg）	10.30	10.36	10.30~10.36
	粗蛋白质（%）	15.0	18	16.5~17.5
	钙（%）	0.59	0.66	0.75~0.85
	总磷（%）	0.47	0.56	0.70~0.90
	有效磷（%）	0.22	0.26	0.35~0.45
	赖氨酸（%）	0.81	1.12	1.09~0.12
	蛋氨酸（%）	0.23	0.32	0.29~0.30
	蛋氨酸+半胱氨酸（%）	0.47	0.65	0.64~0.66
	苏氨酸（%）	0.51	0.72	0.71~0.73

（续）

猪群	项目	猪营养标准（2020）	NRC（2012）	推荐值
生产育肥猪肥育中期	体重（kg）	75~100	50~75	60~90
	净能（MJ/kg）	10.21	10.36	10.21~10.36
	粗蛋白质（%）	13.5	15.5	15.5~16.5
	钙（%）	0.56	0.59	0.7~0.8
	总磷（%）	0.43	0.52	0.65~0.80
	有效磷（%）	0.19	0.23	0.35~0.45
	赖氨酸（%）	0.70	0.97	0.99~1.00
	蛋氨酸（%）	0.20	0.28	0.27
	蛋氨酸+胱氨酸（%）	0.40	0.57	0.59
	苏氨酸（%）	0.45	0.64	0.65
生产育肥猪肥育后期	体重（kg）	100~120	75~100	90kg至出栏
	净能（MJ/kg）	10.09	10.36	10.09~10.36
	粗蛋白质（%）	11.3	13.2	15.0~16.0
	钙（%）	0.54	0.52	0.65~0.75
	总磷（%）	0.40	0.47	0.6~0.75
	有效磷（%）	0.17	0.21	0.35~0.45
	赖氨酸（%）	0.60	0.84	0.84~0.85
	蛋氨酸（%）	0.17	0.25	0.23
	蛋氨酸+胱氨酸（%）	0.35	0.5	0.51
	苏氨酸（%）	0.38	0.56	0.55

（续）

猪群	项目	猪营养标准（2020）	NRC（2012）	推荐值
哺乳母猪	净能（MJ/kg）	11.13	10.54	10.54~11.13
	粗蛋白质（%）	16.5~18.0	16.3~19.2	17.5~18.0
	钙（%）	0.62~0.84	0.60~0.80	1.02~1.2
	总磷（%）	0.54~0.73	0.54~0.65	0.72
	有效磷（%）	0.31~0.42	0.26~0.33	0.42
	赖氨酸（%）	0.76~0.85	0.83~1.00	0.95
	蛋氨酸（%）	0.20~0.23	0.23~0.27	0.21~0.25
	蛋氨酸+半胱氨酸（%）	0.40~0.46	0.46~0.55	0.45~0.50
	苏氨酸（%）	0.48~0.55	0.56~0.67	0.52~0.58
公猪	净能（MJ/kg）	10.59	10.36	10.36~10.59
	粗蛋白质（%）	15.0	13.0	15~16
	钙（%）	0.75	0.75	0.7~0.8
	总磷（%）	0.60	0.75	0.7~0.8
	有效磷（%）	0.21	0.31	0.35~0.45
	赖氨酸（%）	0.50~0.57	0.6	0.6~0.65
	蛋氨酸（%）	0.08~0.09	0.11	0.16~0.18
	蛋氨酸+半胱氨酸（%）	0.25~0.28	0.31	0.42~0.45
	苏氨酸（%）	0.22~0.25	0.28	0.45~0.48

（续）

后备母猪

项目	猪营养标准（2020）50~75	75~100	100kg至配种	推荐值 75~140
净能（MJ/kg）	10.59	10.59	10.59	10.59
粗蛋白质（%）	17.0	16.0	15.0	15.0~15.5
钙（%）	0.75	0.75	0.75	0.85~0.95
总磷（%）	0.60	0.60	0.60	0.65~0.7
有效磷（%）	0.21	0.21	0.21	0.4~0.45
赖氨酸（%）	0.82	0.80	0.75	0.7~0.8
蛋氨酸（%）	0.24	0.24	0.22	0.38~0.45
蛋氨酸+半胱氨酸（%）	0.55	0.55	0.51	0.43~0.50
苏氨酸（%）	0.49	0.49	0.46	0.12~0.20

妊娠母猪

项目	猪营养标准（2020）妊娠<90d	妊娠>90d	NRC（2012）妊娠<90d	妊娠>90d	推荐值 妊娠<90d	妊娠>90d
净能（MJ/kg）	10.18	10.50	10.54	10.54	10.18~10.54	10.50~10.54
粗蛋白质（%）	9.6~13.1	11.4~16.0	12.0~12.9	12.9	13.0~13.5	17.5~18.0
钙（%）	0.52~0.63	0.68~0.78	0.67~0.83	0.7	0.7	1.02~1.2
总磷（%）	0.44~0.51	0.52~0.59	0.25~0.31	0.4	0.4	0.72
有效磷（%）	0.22~0.28	0.29~0.34	0.52~0.62	0.35	0.35	0.42
赖氨酸（%）	0.32~0.55	0.43~0.74	0.39~0.61	0.55~0.80	0.58~0.62	0.95
蛋氨酸（%）	0.09~0.16	0.12~0.21	0.11~0.18	0.16~0.23	0.16~0.17	0.21~0.25
蛋氨酸+半胱氨酸（%）	0.23~0.36	0.31~0.48	0.29~0.41	0.40~0.54	0.41~0.43	0.45~0.50
苏氨酸（%）	0.27~0.39	0.34~0.51	0.34~0.46	0.44~0.58	0.47~0.51	0.52~0.58

氨基酸种类不齐全，一般缺乏赖氨酸。骨粉含钙30％、磷20％，一般在饲料中的添加量为0.1％～1％，主要用于钙、磷补充剂，可防治猪佝偻病、骨软病，以及补充妊娠、泌乳母猪的需要。血粉含粗蛋白80％左右，赖氨酸含量特别丰富。日粮中所占比例小于5％，含量过多会引起腹泻。高粱中含粗蛋白质28％，赖氨酸、蛋氨酸、脂肪含量少，维生素A、维生素D缺乏。大豆粕（饼）一般占日粮比例的10％～20％。花生饼（粕）含粗蛋白质＞40％，与大豆饼（粕）相比，花生饼（粕）中赖氨酸、蛋氨酸含量少，维生素A、维生素D缺乏。棉籽饼（粕）含粗蛋白质仅次于大豆饼（粕）、花生饼（粕），缺乏赖氨酸、维生素A、维生素D和钙，且含有游离棉酚毒素。在日粮中游离棉酚毒素超过0.01％会引起中毒，故棉籽饼在日粮中使用量控制在10％以下。发酵豆粕含粗蛋白＞50％，可添加到猪的任何生长阶段，可替代部分鱼粉。在所有的磷源中，脱氧磷酸盐的中和能力最强，不论是有机的还是无机的，酸类的结合力最低。由强到弱依次是磷酸、延胡索酸、甲酸、苹果酸和枸橼酸。

乳猪料可在预混料或浓缩料中外加0.5％的柠檬酸和2％奶粉，提高适口性和饲料利用率。乳糖是仔猪阶段饲料中必不可少的物质，仔猪前期添加10％～15％，后期添加3％～7％。除未断奶仔猪外，其他猪群均可不用鱼粉，以豆粕或发酵豆粕替代，可节约成本。羽毛粉含粗蛋白质80％左右，胱氨酸丰富，赖氨酸缺乏，因加工方法不同，导致粗蛋白质消化率也不一样，所以其在日粮中比例一般小于5％。仔猪、哺乳母猪、公猪饲料中，外加1％～2％的植物油或鱼肝油，以提高能量、改善皮毛亮滑度。空怀及配种期不能喂乳粉料，因其能值高可引起乳房过度水肿。夏天在哺乳母猪料中添加3％～5％的脂肪，可减少因热应激导致采食量下降而引起的能量供应不足；增加乳汁分泌，提高仔猪断奶重，减少母猪失重，缩短发情间隔。妊娠期母猪获得的能量最好来自油脂，优先选择顺序：可可油＞大豆油＞菜籽油＞玉米油＞鱼油＞牛油＞牛油＋卵磷脂，生产中常添加3％大豆油。妊娠后期料中额外添加的维生素，特别是维生素 E 每千克饲料中添加 42～46IU，母猪通过胎盘供给仔猪，可提高仔猪活力。日粮配制还要额外添加赖氨酸 0.1％～0.15％、蛋氨酸 0.05％～0.08％。

（二）饲用抗生素替代品

抗生素指由细菌、霉菌等微生物的代谢产物，具有抑制或杀灭细菌生长的功能。它是某些微生物的代谢产物或半合成的衍生物，在小剂量的情况下能抑制微生物的生长，而对宿主细胞不产生严重的毒性。然而，抗生素药物过量使用可能会危害消费者食品健康安全。农业农村部发布的《药物饲料添加剂退出计划》中明确规定停止生产、进口、经营、使用部分药物饲料添加剂。

近年大量学者开发并应用了饲用抗生素可替代物或产品，如酶制剂、酸化剂、益生菌、益生素、植物提取物、抗菌肽、中草药及发酵中药等潜在的抗生素可替代物在养猪生产中发挥着积极作用。

1. 酶制剂

酶制剂是生猪首选抗生素替代物，具有高效、绿色养殖特点，生产成本低，还能够满足市场需求。酶制剂经过了多年使用推广及升级换代，应用已经非常普遍。酶制剂第一代是外源性营养消化酶，主要补充体内蛋白酶、淀粉酶、脂肪酶、乳糖酶和肽酶等；第二代是以降解单一组分营养因子或毒物为目的的酶制剂，如木聚糖酶、葡聚糖酶和纤维霉素。第三代是以降解多组分抗营养因子为目的的酶制剂，如 α-半乳糖酶、β-甘露聚糖酶、果胶酶、壳寡糖酶、木质素过氧化物酶等。

酶制剂可补充内源消化酶，消除饲料抗营养因子或毒素，杀菌抑菌等。使用酶制剂应与日粮组成及其理化特性结合起来，考虑酶的真实有效性及饲料加工工艺对酶活性的影响。

2. 酸化剂

酸化剂是一类能够降低饲料 pH 的物质，作为抗生素替代物产品，无论是在饮水中还是在饲料中添加，都能带来很好的效果。酸化剂早在 20 世纪 80 年代就用于防霉（主要是双乙酸钠及丙酸钙），到 90 年代以甲酸、乳酸、丁酸、柠檬酸、延胡索酸为主的复合有机酸用于防止腹泻，再到现在无机酸和有机酸复配，改善肠道消化功能，提高生猪的消化吸收水平。不同酸化剂优缺点对比可见表 2-5。

表 2-5 不同酸化剂优缺点对比

按性质分类	优 点	缺 点	应用情况
无机酸化剂	解离程度高，解离速度快，能够较快降低饲料和胃中的 pH，酸性强，添加成本低，磷酸可为猪提供磷元素	直接抑菌作用差；解离速度快，使猪食道和胃内 pH 急剧下降，易灼烧食道和胃黏膜，抑制胃酸分泌和胃功能的正常发育；无法在肠道后端发挥作用；破坏日粮电解质，易引起钙磷比例失调，引起采食量下降	单一应用少，与有机酸组合应用多
有机酸化剂	具有杀菌防腐作用；能够提高猪对饲料中蛋白质和能量的消化率；调节肠道微生态环境；具有促生长作用	解离度低，添加成本高，占用配方空间大	单一应用少，与磷酸或有机酸复合应用多

（续）

按成分	优　点	缺　点	应用情况
单一酸化剂	同上述无机酸化剂和有机酸化剂优点	功能单一，添加量大，易引起适口性下降、采食量降低、腐蚀加工设备等问题	应用少
全酸复合型酸化剂	用量少，酸性相对稳定，扩大酸化剂的酸度阈值和抑菌区系，添加成本较单一有机酸化剂低	以酸的形式存在，在食道和胃内开始迅速解离，作用时间短暂，缓冲能力低，还可能抑制胃酸分泌和胃功能的正常发育，腐蚀加工设备	应用多
酸盐复合型酸化剂	用量少，扩大酸化剂的酸度阈值和抑菌区系，具有较高的缓冲能力，可长时间维持胃肠道内一个稳定的酸性消化环境；克服酸的腐蚀作用；减少对营养素的破坏	成本高	应用多
按加工工艺分类	优　点	缺　点	应用情况
包被酸化剂	同复合酸化剂，还对猪后肠道菌群结构有改善作用	成本高，添加剂量小	应用多
未包被酸化剂	同复合酸化剂	对猪后肠道菌群结构的改善作用有限	应用多

　　酸化剂不仅可以提高猪的生长性能，还可以有效缓解腹泻和治疗疾病，但在增重、料重比等方面表现出差异，可能与酸化剂的组成成分及浓度等相关。部分酸化剂可有效改善动物的免疫力和抗氧化性能。酸化剂可以通过降低饲料和胃肠道的pH，改变细菌内部环境，改善肠道健康。酸化剂在断奶仔猪上应用较多，使用效果较明显，在母猪上也有应用，但在生长猪上应用较少。

3. 益生菌

益生菌又称活菌制剂，是通过特殊工艺从健康个体中分离得到，制成含活菌或含菌体及其代谢产物的制剂，通常定植于生猪肠道、生殖系统内，通过栖身、共生、偏生、竞争和吞噬等多种途径发挥作用。常见的益生菌包括乳酸菌类、芽孢杆菌类和酵母类。益生菌主要有以下 5 个方面作用：干扰病原微生物繁殖能力及其对肠道黏膜的感染；调节肠道微生态平衡，稳定胃肠道屏障功能；免疫调节效应；提高猪对营养物质的消化和吸收；表达细菌素。

饲料和养殖行业需要的益生菌必须耐高温、耐酸、耐胆盐，能在肠道快速繁殖，有效减少病原微生物繁殖，对生猪没有毒副作用。这些特性和菌种、生产工艺、作用机制密切相关。益生菌的安全性存在菌株特异性，如肠球菌就是条件致病菌，具有潜在的致病性，并携带耐药基因。

4. 益生素

益生素是一种绿色的、新型无毒的微生物类饲料添加剂，具有预防疾病、调节机体微生态平衡、促进动物健康、降低料重比和保护生态环境等多种功能。从菌种特点来看，益生素无毒性、无病原性，且无毒副作用，与病原微生物也不会产生杂交；同时，易于增殖（无论是体内还是体外均可），具备较强的竞争优势，还可存活于胆汁和低 pH 环境中。益生素按产品组成成分不同分为单一型制剂和复合型制剂，按产品使用用途及其作用机制分为生长促进剂、多功能制剂和生态治疗剂，按产品来源分为微生物发酵产物和培养物干燥剂型产品，按所使用菌种类型则分为酵母类、乳酸菌类和芽孢杆菌类。

5. 植物提取物

植物提取物是从植物的种子、根、茎、叶等部位中提取的，具有无残留、无污染、不易产生耐药性等优点，是优质的新型绿色饲料添加剂之一。植物提取物饲料添加剂的植物来源有中草药、天然香料等，在《饲料添加剂品种名录（2023 年）》中收录了茶多酚、杜仲叶提取物等 12 种植物提取物产品。按活性成分可以分为植物多酚类、生物碱类、挥发油类、植物有机酸类、植物多糖类、皂苷和植物甾醇类等，具体见表 2-6。

植物提取物具有抗菌抑菌、抗氧化、双向调节机体免疫功能等生物学活性，应用于断奶仔猪，可以提高仔猪的生长性能、养分消化率，降低腹泻率；应用于育肥猪，可以提高猪的生长性能，改善肉品质。但植物提取物成分复杂，无法明确哪些成分在发挥作用，不能进行系统、全面的毒理学研究和安全性评价。植物提取物活性成分随着植物的年龄、使用部位、收获季节和产地及提取工艺等不同而变化，难以进行质量控制。

6. 抗菌肽

抗菌肽是生物体内先天免疫的重要组成部分，是由 20～50 个氨基酸残基组成的一类具有热稳定、广谱抑菌活性的肽类物质，具有安全、稳定、无毒副作用、广谱抗菌、不易产生耐药性的特点，因此抗菌肽在饲料添加剂中的应用研究越来越多。根据抗菌肽的结构特点，主要分为 α-螺旋和 β-折叠两种类型。α-螺旋抗菌肽分布广泛且具有多样性，主要通过破坏细菌细胞膜从而达到杀菌效果。β-折叠抗菌肽多数来源于动物和植物，比 α-螺旋抗菌肽结构更加复杂。

抗菌肽有广谱抗细菌、真菌、病毒且不易产生耐药性的优点，在猪生产中有较好的应用前景。抗菌肽制备主要采用分离纯化、酶解、化学合成、基因工程等方法，成本高而效率不高，还不足以应用于生产。抗菌肽的毒理性研究还不够深入，安全性还需进一步探讨。

表2-6 不同类植物提取物的生物学特性、来源及代表品种

按活性成分分类	生物学活性	原料来源	代表品种
植物多酚类	抗菌、抗氧化、抗炎、抗病毒、抗微生物	主要存在于植物的皮、根、叶、果中	茶多酚、白藜芦醇、藤黄酮、姜黄素、淫羊藿提取物（有效成分为淫羊藿苷）、紫苏籽提取物（有效成分为α-亚油酸、亚麻酸、黄酮）等
生物碱类	抗肿瘤、抗病毒、抗菌、抗炎、抗氧化	广泛存在于植物（主要是双子叶植物）、动物和微生物体内	甜菜碱、胆碱、肉碱、苦参碱等
挥发油类	抗菌、消除自由基、调节酶活性和肠道菌群、促进消化液分泌	一般以植物的花、叶、枝、皮、根、树胶、全草、果实等为原料	牛至油、茶树油等
植物有机酸类	减少细菌产生的毒性物质、改善肠壁状态	植物叶、根、乌梅、五味子、覆盆子等果实中广泛分布	绿原酸、杜仲叶提取物（绿原酸、杜仲多糖、杜仲黄酮）等
植物多糖类	抗菌、抗病毒、抗感染、免疫调节	从植物中提取，至少由10个单糖及单糖衍生物通过脱水缩合形成的高分子糖类	黄芪多糖、枸杞多糖、茯苓多糖、党参多糖、羊藿多糖、刺五加多糖、甘草多糖、茶叶多糖和红花多糖等

（续）

按活性成分分类	生物学活性	原料来源	代表品种
皂苷	抗微生物、调节脂质代谢、提高机体免疫力等	从植物中提取	皂苷是由皂苷元、糖和糖醛酸等物质组成的结构复杂的化合物，又称碱皂体、皂素、皂角苷或皂草苷
植物甾醇类	抗氧化、类激素作用、调节生长和机体免疫	存在于植物油、坚果、植物种子及蔬菜、水果等植物性食物中	谷甾醇、豆甾醇、菜油甾醇、天然类固醇醇萨酒皂角苷

7. 中草药及发酵中药

中草药是安全可靠的天然物质,由植物根、茎、叶、果,动物内脏、皮、骨、器官及矿物质等组成,用于预防和治疗疾病,具有无残留、不良反应小、不易产生耐药性等特点。中草药分为天然植物饲料原料和中药类药物饲料添加剂。《饲料原料目录(2023年)》中收录了117种药食同源的可饲用天然植物,可用作饲料原料。根据药理、药性及作用功效,天然植物饲料原料可分为免疫增强类、激素样类、抗应激类、防治保健类。免疫增强类如枸杞子、杜仲、黄精、党参、刺五加、金银花、黄芪等,能提高猪的非特异性免疫功能,增强猪的免疫力和抗病能力。激素样类如香附、当归、淫羊藿、人参、甘草、银杏叶等,可调节机体激素的分泌和释放,影响猪的生理功能。抗应激类如酸枣仁、柏子仁、远志、赤芍、川芎等,可缓解糖皮质激素和肾上腺素对机体的影响,预防应激综合征。防治保健类如红花、橘皮等能防治疾病、抗菌驱虫、增食催肥。中药类药物饲料添加剂收录于《药物饲料添加剂品种目录及使用规范》中,可以在饲料配制和养殖过程中长期使用的,仅有山花黄芩提取物散和博落回散。山花黄芩提取物仅适用于鸡,博落回散(有效成分为博落回散提取物)仅适用于促进猪生长,每吨配合饲料可添加0.75~1.875g,无休药期。

中草药为药用植物,主要活性成分为多糖、苷类、生物碱、黄酮类等物质,因此与植物提取物一样,具有良好的抑菌、抗氧化、抗炎及抗病毒效果。目前市场上多数以饲料原料的形式添加,难以实现产业化、标准化生产。

三、猪的饲料配方

猪饲料配方的设计理念应以提高饲料转化效率、尽量减少可供病原微生物利用的养分残留为原则。精准配方要从动物需求、养殖环境、客户要求、原料和国家法规等综合考虑设计。首先了解客户需求，这是生产第一驱动力，根据客户的养殖习惯和价值诉求来设计配方；其次了解动物的生长特点和营养需求，比如猪的品种、性别、生理阶段、体重、饲养方式、环境气候等；再次了解相关的法律法规；最后了解原料，不仅是传统原料的熟悉和应用，还有新原料的开发和应用。通过配方软件精准及合理地将所有原料营养价值及影响因子整合，做到配方的精准调配。

（一）低蛋白日粮

低蛋白日粮不仅可降低饲料成本，还可改善肠道菌群结构和肠道形态，提高肠道健康水平，减少氨气等有害气体排放，有效降低和缓解早期断奶仔猪腹泻的发生。根据能氮平衡和可消化氨基酸平衡模式，生长育肥猪日粮中的粗蛋白质水平，10～50kg阶段可以在 NRC 标准基础上降低 4 个百分点，50～80kg 阶段可以降低 3 个百分点，80～120kg 阶段可以降低 2 个百分点。以可消化（可利用）氨基酸为基础，按生猪理想蛋白质氨基酸模式平衡饲粮配方，如以赖氨酸作为 100，其他氨基酸用相对比例表示，含硫氨基酸 58、苏氨酸 68、色氨酸 22、缬氨酸 70、异亮氨酸＞55、精氨酸 100、组氨酸 38、亮氨酸 120、苯丙氨酸＋酪氨酸 110。

（二）低系酸力日粮

低系酸力日粮可提高酶的活性和养分的消化率，抑制消化道内病原菌的生长繁殖。系酸力是指 100g 饲料 pH 降至 4 时所需盐酸的量（mmoL），取决于组成配合饲料的原料。断奶仔猪日粮适宜系酸力值为每 100g 20～25mmoL，蛋白源可用发酵豆粕取代普通豆粕，降低系酸力和 pH，矿物质系酸力较高，可用甲酸钙取代石粉。

四、饲料生产工艺

配合饲料生产工艺流程一般为：原料采购→接收→清理→预处理→粉碎→配料→混合→制粒→成品打包→贮藏。

（一）原料接收

针对接收原料的种类、包装形式和运输工具的不同，采取不同的原料接收工艺，一般包括散装接收工艺、袋装原料接收和液态原料接收 3 种原料接收工艺。无论何种接收工艺，都需要对原料进行质量检验和计量称重。

采用散装卡车和罐车运输的谷物籽实类、饼粕类等原料，经地中衡称重后自动卸入接料地坑，再经水平输送机、斗提机、初清筛磁选器和自动秤计量后送入待粉碎仓或配料仓。袋装原料接收是经人力或机械将袋装原料从输送工具移入仓库堆垛。油脂等液态原料经检验合格，通过接收泵抽送至贮存罐，再移入仓库。原料贮存按品种类别和批次分区域、离墙 60cm、使用托盘堆码，堆垛间保持 60cm 的距离，便于卫生清理、质量检查和防止不同品种原料的交叉污染。悬挂《原料垛位卡》、标识牌（待检、禁用、进入使用）对原料的检验状态、批次、质量、使用状态等进行标识，防止不同状态原料在使用中混淆和误用不合格原料，同时实现原料使用的可追溯性。原料在库房存贮以满足生产需要为准，糠麸类原料安全库存期为 1 个月，玉米、小麦等谷物类原料，玉米胚芽粕、豆粕、维生素预混饲料安全库存期为 3 个月，饼粕类（豆粕除外）原料、玉米蛋白粉、矿物质微量元素及其预混合饲料安全库存期为 6 个月。根据原料特性及库存条件，实时监控，具体见表 2-7。做好防鼠防潮防火防水，确保原料不破漏、不潮湿、不霉变。饲料成品库的高度应在 4m 以上，利于卡车进入，出库遵循"先进先出、推陈储新"原则。

表 2-7　长期库存原料监控内容

监控对象	监控方式	监控内容	异常情况界定	监控频次
易变质原料（米糠）	感官检查	气味、料温	气味异常，料温高于室温 5℃	每周一次
高油脂原料（膨化大豆、油脂类）	抽样检测	测酸价或挥发性盐基氮	监测结果已超过原料验收标准	库存 1 个月一次，后每半个月一次
热敏物质原料	测温	温度	温度超过 20℃	5—9 月每天监测 2 次，上午、下午各一次；4 月、10 月每周监测一次
临近保质期原料	感官检查	气味、色泽	气味异常，结块、变色	每周一次
超库存安全期	感官检查	气味、色泽	气味异常，结块、发热、变色等	每周一次

（二）原料清理

原料清理包括进仓前清理和进仓后清理。原料清理工艺是根据原料的品种、粒度和含杂情况，选用适合的清理筛初筛除杂后经磁选器再次除杂的操作流程。

（三）原料预处理

原料预处理加工后，可改变原料物理化学结构，减少或消除抗营养因子，消减有害微生物，提前降解部分大分子和难消化物质，发酵产生有益微生物、酶、维生素、有机酸等益生因子，可以提高饲料卫生品质、营养价值、可消化利用率、适口性等。目前对原料进行预处理的方式主要是以下三种。

（1）粉碎处理　超微粉碎等。

（2）水热处理　主要指膨化（如大豆）、压片和制粒（如牧草）等。

（3）生物处理　主要指酶解、发酵和菌酶联合处理等。

（四）粉碎

依据粉碎与配料工序先后，粉碎工艺可分为先粉碎后配料工艺和先配料后粉碎工艺。依据原料粉碎次数，可分为一次粉碎工艺和二次粉碎工艺。粉碎能提高饲料的饲用价值，对于饲料混合、制粒、膨化加工工序也很有必要。粉碎筛板孔径一般教槽料 1.0mm、乳猪料 1.5mm、小中大型猪料 2.0mm、母猪料 3.5mm。

（五）配料

配料工艺流程组成的关键是配料装置与配料仓、混合机的组织协调。常见的配料工艺包括多仓一秤配料工艺、一仓一秤配料工艺和多仓数秤配料工艺。

（六）混合

混合工艺分为分批混合和连续混合两种。分批混合时将各种混合组根据配方的比例配合在一起，并将其送入周期性工作的批量混合机分批次进行混合。混合一个周期生产一批混合好的饲料。连续混合工艺是将各种饲料组分同时分别连续计量，并按比例配合成一股含有各种组分的料流，当料流进入连续混合机后，连续混合而成一股均匀的料流。

（七）饲料成型工艺

饲料成型工艺包括普通颗粒饲料制粒工艺和膨化饲料制粒工艺。普通颗粒饲料制粒工艺流程为：待制粒仓原料经供料器供料进入调制器，经蒸汽调质后进入制粒机制粒，压制的颗粒饲料经冷却器冷却，再经分级筛分级，不合格的颗粒重新制粒，合格颗粒进入成品仓。膨化饲料制粒工艺流程为：调质→膨化→干燥→冷却→碎粒→分级→喷涂。乳猪教槽料和断奶仔猪料采用二次制粒和膨化后低温制粒的饲喂效果更好；生长猪饲料可使用精细粉碎（比传统粉碎的饲料要细5～30倍）再制粒工艺。各阶段生猪的饲料加工工艺参数见表2-8。

表2-8　各阶段生猪的饲料加工工艺参数

项目	教槽料	乳猪料	小中大型猪料	母猪料
筛片孔径（mm）	1.0	1.5	2.0	3.5
混合时间（s）	120	测定为准	测定为准	测定为准
模具（mm）	2.0	3.5	3.5	3.5
压缩比	1∶4	1∶6	1∶6	1∶6
压力（MPa）	0.1～0.2	11月至翌年3月：0.4 4～9月：0.25	11月至翌年3月：0.4 4～9月：0.25	11月至翌年3月：0.4 4～9月：0.25
制粒温度（℃）	65～70	85±5	85±5	85±5
粒径长度（mm）	直径的1.5～2倍	直径的1.5～2倍	直径的1.5～2倍	直径的1.5～2倍
发散时间（s）	＼	≤30	≤60	≤60

（续）

项目	教槽料	乳猪料	小中大型猪料	母猪料
面筛孔径（mm）	6.0	12.0	12.0	12.0
底筛孔径（mm）	2.0	3.5	3.5	3.5
含粉率（%）	\	<4	<4	<4

五、科学饲喂

猪用料方式最好使用颗粒饲料、液态饲料和湿拌料。猪喜欢吃颗粒料。颗粒与粉料在同等营养条件下，使用颗粒料省力，浪费少，呼吸道疾病发生率低，饲料熟化，霉菌减少，毒素降低，可延长饲料在消化道中停留的时间，但制粒成本增加，制粒过程的高温会破坏一部分维生素、酶，不容易拌药；粉料能增加消化酶和营养物质的接触面积，易拌药，猪也较喜欢吃，加工成本低，但浪费相对较大。仔猪、亚健康猪和病猪首选饲喂液体饲料，液体饲料具有改善猪饲粮适口性、促进养分消化吸收等优势。乳猪最喜欢吃母乳。母乳中有 19.5% 的干物质，所以喂温水料［水料比（5～6）:1］对饲料形态、用水、卫生、消化上都有益。湿拌料可提高猪的采食量，减少呼吸道疾病发生。但水不能加得过多，水解时间不宜太长，否则容易发酵造成矿物质沉淀浪费及营养损失，应现配现用。科学使用饲料，真正实现将猪的营养转变为猪产品。猪的各阶段饲喂方案可参考表 2-9。目前养殖场妊娠母猪饲喂流程主要分为"步步高"和"高低高"两种。长大或大长*二元杂交初产母猪推荐使用"步步高"饲喂流程，经产母猪使用"高低高"饲喂流程。

---

* 长大指大白猪公猪和大约克夏猪母猪杂交，大长指大白猪公猪和长白猪母猪杂交。

表2-9　各阶段猪的饲喂方案

猪群	阶段	每头每天的饲喂量（kg）	饲喂品种	目的
后备母猪	引种当天	不喂料，保证充足饮水，水中加入抗应激药物		减少应激
	第2天	0.5	后备母猪料	饲料过渡
	第3天	正常饲喂量1/2		
	第4天	自由采食		
	4~6月龄	自由采食（2.0~2.5）	后备母猪料	正常生长
	6~7月龄（第一情期）	限饲（1.8~2.2）		控制生长速度
	第一至二情期	正常饲喂量添加1/3（1.8~2.2）		刺激发情
	第二情期后1周	2.0~2.5		刺激发情
	配种前2周	3.0kg以上或自由采食	哺乳母猪料	短期优饲
	配种后第5天	限饲（2.2）	妊娠母猪料	胚胎着床最大化
	妊娠第6~50天	2.3	妊娠母猪料	调膘
	妊娠第51~85天	2.5	妊娠母猪料	调膘
	妊娠第86~110天	3.1	哺乳母猪料	攻胎
	妊娠第111天至分娩当天	2（分娩当天不喂）	哺乳母猪料	顺利分娩，预防母猪出现子宫内膜炎、乳腺炎、无乳综合征
	断奶至配种	自然采食（3.5kg以上）	哺乳母猪料	短期优饲，提高排卵

（续）

猪群	阶段	每头每天的饲喂量（kg）	饲喂品种	目的
经产母猪	配种至妊娠第5天	2.3	妊娠母猪料	胚胎着床最大化
	妊娠第6~50天	2.7	妊娠母猪料	调膘
	妊娠第51~85天	2.5	妊娠母猪料	调膘
	妊娠第86~110天	3.1	哺乳母猪料	攻胎
	妊娠第111天至分娩当天	2（分娩当天不喂）	哺乳母猪料	顺利分娩、预防母猪出现子宫内膜炎、乳腺炎、无乳综合征
种公猪	体重20~50kg	1.5~2.0	公猪料	注重骨骼发育
	体重50~120kg	2.0~2.5	公猪料	控制膘情，兼顾生长
	体重120kg至初配	2.5~3.0	公猪料	控制膘情，保持合理体型
	成年公猪	2.5~3.0	公猪料	控制膘情，保持旺盛性欲
保育仔猪	断奶后第1周	0.35	维持原饲喂教槽料	
	断奶后第2周	0.5	过渡至保育前期料	
	断奶后第3~4周	0.75	保育前期料	
	断奶后第5周后	0.9	过渡至保育后期料	
生长育肥猪	体重30~60kg（10~16周龄）	1.9	小猪料	
	体重60~90kg（16~21周龄）	2.4	中猪料	
	体重90kg至出栏（21~26周龄）	3.2	大猪料	

第二节　兽药安全

一、猪场临床合理用药技术

(一)科学用药基本知识

1. 兽药剂型

药物的剂型对药效的影响主要是不同剂型药物吸收速度不同,因而影响药物作用的快慢与强弱。按形态可分为液体剂型、半固体剂型、固体剂型和气体剂型。液体剂型分为注射剂、溶液剂(混悬剂)、酊剂、合剂(品服液)和灌注剂。半固体剂型分为软膏剂和浸膏剂。固体剂型分为粉剂、片剂、胶囊剂、颗粒剂和预混剂。气体剂型分为烟雾剂、喷雾剂和气雾剂。应用药物时应慎重选择药物剂型。如用于预防疾病,一般选用粉剂、溶液剂,既经济又方便。而病情比较严重时或病猪个体用药时,为了迅速治愈疾病,应尽快选用注射剂型。

2. 给药途径

(1) 口服给药法　将药物拌入少量饮水或饲料中让猪服用。①饮水给药,应注意准确掌握药物的溶解度。为保障给药剂量,一般给药前要停止给水,夏季禁水 1~2h,冬季禁水 3~4h。②混饲给药,适用于长期投药。不溶于水、适口性差的药物使用此法更为恰当。药物与饲料必须混合均匀,需掌握饲料中的药物浓度,以及有些药物与饲料中添加剂的关系。如长期应用磺胺类药物,应适当补充 B 族维生素和维生素 K。一般来说,饮水给药量是混饲给药量的 1/2,因为饮水量是采食量的 2 倍左右。

也可用胃导管经口腔直接插入食管内灌服。苦味健胃药、收敛止泻药、胃肠解痉药、肠道抗感染药应在饲喂前服用。驱虫药则应空腹或半空腹服用。刺激性强的药物应在饲喂后服用。

（2）注射给药法　这是兽医临床上常用的一种给药方法，不同注射给药途径的用药剂量比例见表 2 - 10。

表 2 - 10　不同注射给药途径的用药剂量比例

给药途径	口服	皮下注射	肌内注射	静脉注射
计量比例	1	1/3~1/2	1/3~1/2	1/4 ~ 1/3

静脉注射适用于急性严重病例及注射量大的药物。混悬液、油溶液、易引起溶血或凝血的物质不能静脉注射。注射用混悬液、油溶液和有刺激性的药物，均可采用肌内注射。但刺激性较强的药物，应做深层肌内注射；药液量大时，应分点注射。刺激性药物和油类药物不宜皮下注射，否则易造成局部组织发炎或坏死。腹腔注射是经腹腔吸收后产生药效的一种给药方法，可用于剂量较大、不宜经静脉给药的药物，也可用于久病体弱静脉注射困难的病猪或仔猪。最好用无刺激性的等渗药液，并将药液加温至近似体温。

（3）直肠给药法　直肠给药也称灌肠，多用于通便，也可用于补充营养、治疗肠炎或直肠麻醉等。

（4）子宫、阴道、乳管注入给药法　主要利用药物经局部吸收而发挥疗效，如防治子宫内膜炎、阴道炎和乳腺炎等。

（5）体外用药　主要用于猪舍、猪场环境、饲养用具及设备的消毒，以及杀灭猪的体外寄生虫或体外微生物。常用的方法有喷雾、喷洒、熏蒸、药浴等。

（二）安全用药与药物配伍禁忌

1. 安全用药

（1）严禁使用违禁药物　为确保动物性食品安全，要严格执行《兽药管理条例》和农业农村部相关公告规定。根据农业农村部公告第 250 号（2019），食品动物中禁止使用的药品及其他化合物有酒石酸锑钾、β-兴奋剂类及其盐、酯，汞制剂（氯化亚汞、醋酸汞、硝酸亚汞、吡啶基醋酸汞）等。根据农业部公告第 1519 号（2010），禁止在饲料和动物饮水中使用的物质有 β-肾上腺素受体激动剂、长效型 β-肾上腺素受体激动剂、盐酸可乐定、盐酸赛庚啶等。

此外，2015 年 9 月 7 日，农业部发布第 2292 号公告规定：在食品动物中停止使用洛美沙星、培氟沙星、氧氟沙星、诺氟沙星 4 种兽药，撤销相关兽药产品批准文号。

2016 年 7 月，农业部发布第 2428 号公告规定：停止硫酸黏菌素用于动物促生长。

2018 年 1 月 12 日，农业部发布第 2638 号公告规定：停止在食品动物中使用喹乙醇、氨苯胂酸、洛克沙胂等 3 种兽药。

2019 年 7 月 9 日，农业农村部发布第 194 号公告规定：自 2020 年 1 月 1 日起，退出除中药外的所有促生长类药物饲料添加剂品种，兽药生产企业停止生产、进口兽药，代理商停止进口相应兽药产品，同时注销相应的兽药产品批准文号和进口兽药注册证书；2020 年 7 月 1 日起，饲料生产企业停止生产含促生长类药物饲料添加剂（中药类除外）的商品饲料，饲料抗生素全面禁用。

（2）严格执行国家规定的兽药休药期　休药期是指畜禽最后一次用药到该畜禽许可屠宰或其产品（乳、蛋）许可上市的时间间隔。为加强兽药使用管理，保证动物性产品质量安全，根据《兽药管理条例》规定，农业农村部组织制定了兽药国家标准和行业标准中部分品种的休药期规定（表 2-11）。

表 2-11　猪用兽药休药期规定

兽药名称	执行标准	休药期
土霉素片	《中华人民共和国兽药典》（2020 年版）[以下简称《中国兽药典》（2020 年版）]	7d
土霉素注射液	中华人民共和国农业农村部公告第 271 号（2020）	28d
双甲脒溶液	《中国兽药典》（2020 年版）	8d
甲砜霉素片	《中国兽药典》（2020 年版）	28d
甲砜霉素粉	《中国兽药典》（2020 年版）	28d
甲磺酸达氟沙星注射液	中华人民共和国农业部公告第 278 号（2003）	25d
吉他霉素片	《中国兽药典》（2020 年版）	7d
吉他霉素预混剂	《中国兽药典》（2020 年版）	7d
乳酸环丙沙星注射液	中华人民共和国农业部公告第 278 号（2003）	10d
注射用苄星青霉素（注射用苄星青霉素 G）	《中国兽药典》（2020 年版）	5d
注射用苯唑西林钠	《中国兽药典》（2020 年版）	5d
注射用青霉素钠	《中国兽药典》（2020 年版）	0d
注射用青霉素钾	《中国兽药典》（2020 年版）	0d
注射用氨苄青霉素钠	《中国兽药典》（2020 年版）	15d
注射用盐酸土霉素	《中国兽药典》（2020 年版）	8d
注射用盐酸四环素	《中国兽药典》（2020 年版）	8d
注射用酒石酸泰乐菌素	中华人民共和国农业部公告第 278 号（2003）	21d
注射用喹嘧胺	《中国兽药典》（2020 年版）	28d
注射用硫酸卡那霉素	《中国兽药典》（2020 年版）	28d
注射用硫酸链霉素	《中国兽药典》（2020 年版）	18d

（续）

兽药名称	执行标准	休药期
复方磺胺对甲氧嘧啶片	《中国兽药典》（2020 年版）	28d
复方磺胺对甲氧嘧啶钠注射液	《中国兽药典》（2020 年版）	18d
复方磺胺甲噁唑片	《中国兽药典》（2020 年版）	28d
复方磺胺氯哒嗪钠粉	《中国兽药典》（2020 年版）	4d
复方磺胺嘧啶钠注射液	《中国兽药典》（2020 年版）	20d
氟苯尼考注射液	《中国兽药典》（2020 年版）	14d
氟苯尼考粉	《中国兽药典》（2020 年版）	20d
恩诺沙星注射液	《中国兽药典》（2020 年版）	10d
盐酸多西环素片	《中国兽药典》（2020 年版）	28d
盐酸沙拉沙星注射液	中华人民共和国农业部公告第 278 号（2003）	0d
盐酸林可霉素片	《中国兽药典》（2020 年版）	6d
盐酸林可霉素注射液	《中国兽药典》（2020 年版）	2d
盐酸环丙沙星可溶性粉	中华人民共和国农业部公告第 278 号（2003）	28d
盐酸环丙沙星注射液	中华人民共和国农业部公告第 278 号（2003）	28d
普鲁卡因青霉素注射液	《中国兽药典》（2020 年版）	7d
硫酸卡那霉素注射液	《中国兽药典》（2020 年版）	28d
硫酸安普霉素可溶性粉	中华人民共和国农业部公告第 278 号（2003）	21d
硫酸安普霉素预混剂	中华人民共和国农业部公告第 278 号（2003）	21d
硫酸庆大-小诺霉素注射液	中华人民共和国农业部公告第 278 号（2003）	40d
硫酸庆大霉素注射液	《中国兽药典》（2020 年版）	40d

（续）

兽药名称	执行标准	休药期
硫酸黏菌素可溶性粉	中华人民共和国农业部公告第 278 号（2003）	7d
硫酸黏菌素预混剂	中华人民共和国农业部公告第 278 号（2003）	7d
磺胺二甲嘧啶片	《中国兽药典》（2020 年版）	15d
磺胺二甲嘧啶钠注射液	《中国兽药典》（2020 年版）	28d
磺胺对甲氧嘧啶	《中国兽药典》（2020 年版）	28d
磺胺对甲氧嘧啶片	《中国兽药典》（2020 年版）	28d
磺胺甲噁唑片	《中国兽药典》（2020 年版）	28d
磺胺间甲氧嘧啶片	《中国兽药典》（2020 年版）	28d
磺胺间甲氧嘧啶钠注射液	《中国兽药典》（2020 年版）	28d
磺胺脒片	《中国兽药典》（2020 年版）	28d
磺胺嘧啶钠注射液	《中国兽药典》（2020 年版）	10d
磺胺噻唑片	《中国兽药典》（2020 年版）	28d
磺胺噻唑钠注射液	《中国兽药典》（2020 年版）	28d
磷酸泰乐菌素预混剂	中华人民共和国农业部公告第 278 号（2003）	5d

（3）注意鉴别真假兽药　目前市场上的兽药种类、数量繁多，假兽药也混杂其中，真假难辨，可通过兽药二维码辨别，专业网站查询，通过常识加经验辨别，同时到正规经营单位购买兽药，购买通过国家 GMP 验收及有批准文号、产品批号的药品。

A. 各种制剂的检查。针剂（注射剂）主查澄明度、色泽、破裂、漏气、混浊、沉淀和装量的差异及溶解后的澄明度。片剂、丸剂、胶囊剂主查色泽、斑点、潮解、发霉、溶化、粘瓶、碎片、破、漏、片重差异。酊剂、水剂、乳剂主查不应有的沉淀、混浊、渗漏、挥发、分层、发霉、酸败、变色和装量。软膏、眼膏主查有无异味、变色、分层、硬结、漏油。散剂主查有无结块、异常黑点、霉变、质量差异等。

B. 常见兽药品质的外观鉴别方法。比如头孢菌素遇庆大霉素有混浊现象者为真品。注射用硫酸链霉素加水溶解后，放置过程中会缓慢分解，由淡黄色变为黄色或棕色。溶液颜色变深，毒性加强，故变黄色或棕色后禁用。复方氯化钠注射液久贮容易产生混浊或沉淀，不可再用。硫代硫酸钠注射液遇空气中的氧、二氧化碳及酸均能分解并析出硫元素，有沉淀或混浊的不可用。维生素C注射液可缓慢分解成糠醛，若有空气存在时，糠醛可继续氧化聚合呈黄色。光、空气、温度、pH及重金属离子均可使其氧化变质，颜色发生变化，故呈黄色或深黄色的不可用。硫酸镁注射液无色透明液体。若产生大量的白色或白块，有时析出黄或棕色的沉淀，均不可用。氯化钠注射液久贮易产生大量小白点或白块，致使澄明度不合格者不宜使用。葡萄糖注射液受热易分解形成5-羟甲基糠醛，并进一步变为黄色的聚合物，产生混浊或细絮状沉淀时不可用。安乃近注射液氧化分解变为黄或深褐色，高温、光、微量金属对此有促进作用。变黄色的禁用。安痛定注射液应为无色或淡黄色的透明液体。其中氨基比林氧化产生双氧氨基比林时，颜色变黄至深黄色，最后变为棕黄色或析出沉淀。黄色越深刺激性越大，沉淀者不可用。乙酰水杨酸遇潮缓慢分解成水杨酸和醋酸，有显著醋酸臭，对胃刺激性增加，不可用。土霉素片应为黄色，若变为深土色则效价降低，不可用。干酵母因含蛋白质，故易吸潮发霉、变臭、生虫，变质后不可用。

（4）**药品保管** 根据药品性质、剂型，并结合药房实际情况分区、分类、编号妥善保管，严禁混淆。一般药品都应该按《中国兽药典》（2020年版）中该药"贮藏"项下的规定条件，因地制宜地贮存与保管，如密闭、密封、熔封、遮光、温度、销毁等。危险药品、剧毒药品及麻醉药品须专柜、加锁、专人保管。建立账目，经常检查，定期盘点。注意有效期及掌握"先进先出"或"近期先出"原则。仓库注意清洁卫生，防霉变、虫蛀、鼠害等。加强防火措施，确保人员与药品安全。

2. 用药

联合用药的目的是扩大抗菌谱，增强疗效，减弱毒性，延缓或避免耐药菌株的产生。联合用药可出现相加（代表两种药物作用总和）、协同（用后效果比相加更好）、无关（总作用不超过联合中较强的作用）、拮抗（合用时效果减弱甚至抵消）四种现象。无根据的盲目联合用药是不可取的，有配伍禁忌的应严禁。比如泻药与止泻药、毛果芸香碱和阿托品同时使用，存在拮抗，从而降低治疗效果或产生严重的副作用及毒性。活性炭等与小剂量抗生素同时使用，会发生吸附现象，在消化道内不能充分释放出来。氯化钙注射液与碳酸氢钠注射液合用时，会产生碳酸钙沉淀。还有一些药物在配伍时产生分解、聚合、加成、取代等反应而并不出现外观变化，但疗效降低或丧失。如人工盐与胃蛋白酶同用，前者组合中的碳酸氢钠可抑制胃蛋白酶的活性。

3. 生猪服药时忌喂的饲料

维生素药物：服用维生素 A 时应忌喂棉籽饼；服用维生素 B_1 时应忌喂高粱；服用维生素 C 时应忌喂甲壳类海产品。

抗贫血药物：服用硫酸亚铁等药物防治生猪贫血时，应忌喂磷元素含量较高的麸皮，因为较高的磷元素会降低生猪对铁元素的吸收利用。

利尿药物：服用醋酸钾等药物时，应忌喂酒糟，因为酒糟中的乙醇易与醋酸钾发生反应而降低药效。

驱虫药物：服用盐酸左旋咪唑等药物前应让生猪停食 6～

12h，并避免饲喂大量的稀料和油腻泔水。

钙制剂药物：使用氯化钙、乳酸钙、葡萄糖酸钙等药物治疗生猪佝偻病时，不要再喂含草酸较多的菠菜等。

解毒类药物：使用亚甲基蓝、硫酸钠等药物治疗生猪中毒病时，不要再喂青贮饲料。

抗生素药物：服用链霉素时，应忌喂食盐；服用四环素、土霉素、多西环霉素时，应避免饲喂大豆和饼类饲料；服用庆大霉素时，应忌喂维生素类添加剂。

止泻药物：治疗生猪肠道疾病时，应避免饲喂一些粗硬通便的青绿饲料和容易引起生猪肠道胀气的豆类饲料。

除了作用于生殖系统的某些药物外，一般药物对不同性别动物的作用并无差异，只是妊娠母猪对拟胆碱药、泻药或能引起子宫收缩加强的药物比较敏感，可能引起流产，临床用药必须慎重，详见表 2-12。

表 2-12　妊娠母猪禁用或慎用药物一览

类别	药物类别	兽药名称
禁用药	子宫收缩类	缩宫素（催产素）、垂体后叶素、马来酸麦角新碱等
	前列腺素类	前列腺素 $F_{2\alpha}$、氯前列醇钠等
	利尿类	呋塞米
	性激素类	丙酸睾丸酮素、苯甲酸雌二醇等
	解热镇痛类	安乃近、水杨酸钠、阿司匹林等
	拟胆醇类	氨甲酰甲胆碱、硝酸毛果芸香碱、甲硫酸新斯的明等
	糖皮质激素类	地塞米松磷酸钠、醋酸泼尼松龙等
	抗生素类	链霉素、替米考星等
	中药类	桃仁、红花、当归、大黄、芒硝、巴豆、番泻叶等

（续）

类别	药物类别	兽药名称
	氨基糖苷类	庆大霉素、链霉素、硫酸小诺霉素等
慎用药	酰胺醇类	氟苯尼考注射液或可溶性粉
	四环素类	多西环素
	抗寄生虫类	芬苯达唑、伊维菌素等

二、生猪减抗养殖精准用药规范

饲料端禁止使用抗生素，养殖端减少使用抗生素，以保证猪群健康。感染性疾病发生不单是由于病原微生物感染，还受动物营养、饲养管理与气候变化等因素的影响，因此应建立"养、防、治"一体的疫病防治体系，以减少疫病发生和提高疫病的防治效果，从而减少抗生素等药物的临床应用。

（一）猪场常见疫病及用药

1. 仔猪腹泻　仔猪腹泻可选用硫酸安普霉素、硫酸黏菌素、硫酸新霉素、恩诺沙星等。给药途径选择口服或注射，疗程一般为3～5d。断奶仔猪腹泻可选用硫酸黏菌素、硫酸新霉素等。给药途径为混饮或混饲，疗程一般为35d。

2. 子宫炎、乳腺炎　子宫炎、乳腺炎可选择阿莫西林、头孢噻呋、林可霉素、恩诺沙星、马波沙星等。给药途径为注射、混饮、混饲，疗程一般为5～7d。

3. 副猪嗜血杆菌病　副猪嗜血杆菌病可选用氟苯尼考、替米考星、头孢噻呋、恩诺沙星等敏感药物。给药途径为注射、混饲或混饮等，疗程一般为5～7d。

4. 猪链球菌病　猪链球菌病可选用青霉素、头孢噻呋、阿莫西林等。给药途径为注射（青霉素、头孢噻呋），混饮、混饲（阿莫西林），疗程一般为 5～7d。

5. 猪气喘病 猪气喘病可选用泰妙菌素、泰乐菌素、林可霉素、替米考星等。给药途径为混饲，疗程一般为 10～14d。临床上，通常采用联合用药的办法，以提高疗效。

6. 猪丹毒 猪丹毒个体治疗首选青霉素，群体治疗首选阿莫西林、克拉维酸钾等。给药途径为注射（青霉素）、混饮或混饲（阿莫西林），疗程一般为 3～5d。

7. 猪传染性胸膜肺炎 猪传染性胸膜肺炎可选择氟苯尼考、泰妙菌素、替米考星、盐酸多西环素、金霉素等。给药途径为混饮、混饲，疗程 5～7d。

8. 猪增生性肠病（回肠炎） 可选择泰妙菌素、金霉素、泰万菌素等，给药途径为混饲，疗程一般为 14～21d。

（二）猪场常见抗寄生虫药及使用规范

寄生虫病在猪场很常见，无论是体内寄生虫，还是体外寄生虫，都可引起感染猪生长速度缓慢等。某些寄生虫可引起感染猪的免疫抑制，严重时可导致猪死亡。

猪常用驱线虫药有阿维菌素、伊维菌素、多拉菌素、阿苯达唑、奥苯达唑、奥芬达唑、左旋咪唑、噻嘧啶等。猪常用驱绦虫药除苯并咪唑类药物（阿苯达唑、奥苯达唑、奥芬达唑等）兼有抗绦虫效果外，主要有吡喹酮、氯硝柳胺、硫双二氯酚、硝氯酚、硝硫氰酯等。抗球虫药主要有盐霉素、莫能霉素、磺胺二甲嘧啶。抗原虫药主要有地美硝唑、盐酸吖啶黄。杀虫药主要有双甲脒、马拉硫磷、敌百虫。

目前猪场常用的驱虫药有伊维菌素、阿苯达唑、芬苯达唑等。其中阿苯达唑/芬苯达唑可以驱除线虫成虫、大部分幼虫和部分虫卵；而伊维菌素可以驱除线虫成虫和螨虫成虫。剂型主要有阿苯达唑/芬苯达唑-伊维菌素预混剂、伊维菌素注射液、莫昔克丁浇泼剂、敌百虫乳剂等。驱虫程序和用药量需要严格遵守产品的使用说明书。

(三) 猪场常见解热镇痛药及使用规范

很多疾病可以引起猪的发热，尤其是感染性疾病，发热是这些疾病共同的症状之一。发热可引起患畜采食量降低，继而引起抗病力降低，使得感染性疾病治疗困难。因此，除了针对病因进行治疗外，对症治疗也是重要的措施。猪是经济动物，正确使用解热类药物可以起到快速恢复病猪食欲、提高抵抗力、促进疾病康复、减少经济损失的作用。但此类药物也有其不良反应，兽医临床上常见的解热镇痛、抗炎类药物种类比较多，如何恰当地选取和使用此类药物是猪场兽医必须要掌握的。

首先，必须明确不是所有的发热都需要退热。发热是机体对致病因素的主动反应，对机体的积极意义表现在可以加快新陈代谢、抑制体内病原体的繁殖和促进白细胞增多、加强单核-巨噬细胞系统吞噬功能等。如果在发热初期或体温不高的情况下使用解热药，会干扰机体自身的抗病力，造成抗生素的使用量增加，用药成本升高。

其次，由于安乃近、氨基比林和地塞米松等化学合成类药物会引起粒细胞减少、抑制吞噬细胞活化，造成机体抵抗力下降，引发二重感染和抑制仔猪骨骼发育、母猪产期延长、胎儿动脉导管早闭、缺氧死亡等不良反应。猪场常用解热镇痛药的作用和不良反应见表2-13。对于小猪和临近预产期的母猪要减少使用和慎重使用此类药物，可以选用板青颗粒等退热效果好、安全性高

表 2-13　猪场常用解热镇痛药的作用和不良反应

分类		代表性药物	解热	镇痛	抗炎	用量	休药期	不良反应
水杨酸类		卡巴匹林钙	******	*****	*****	每千克体重 40mg	无	不良反应小
吡唑酮类		安乃近/氨基比林	******	****	****		28 d	血小板和粒细胞减少
非甾体类	芬那酸类	甲胺	*****	*****	*****	肌内注射，2mg/kg	14 d	不良反应小
	丙酸类	布洛芬	*****	***	******			不良反应小，但有可能造成肾功能损伤
	苯胺类	对乙酰氨基酚	******	**	*	一次量，0.5~1g	5 d	过量使用可能造成肝损伤
	普康类	美洛昔康	**	******	*****			胃肠道反应，血液毒性，皮肤过敏
甾体类	糖皮质激素	地塞米松	***	*	******	一次量，4~12mg	21 d	免疫抑制

注：* 代表药物作用的强度。

的中草药。

最后，要注意此类药物的使用剂量和时间。以卡巴匹林钙为例，虽然卡巴匹林钙的安全性很高，其半数致死量为 1 725mg/kg，是推荐治疗剂量的 43 倍多，但每头猪每天的总量必须控制在 2g 以内。另外，由于长期使用卡巴匹林钙会造成胃肠黏膜损伤，因此使用时间也不宜超过 5d。

（四）常用中药及使用规范

1. 辛温解表药　主要由麻黄、桂枝、荆芥、防风等辛温解表类药味组成，具有较强的发汗散寒作用，适用于外感风寒引起的表寒证。

荆防败毒散

【主要成分】荆芥、防风、羌活、独活、柴胡等。

【性状】本品为淡灰棕色的粉末，气微香，味甘苦、微辛。

【功能】辛温解表，疏风祛湿。

【主治】风寒感冒，流感。

【用法与用量】口服：猪 40～80g。

2. 辛凉解表药　主要由桑叶、菊花、薄荷、牛蒡子等辛凉解表类药味组成，具有清解透泄作用，适用于外感风热引起的表热证。如发热明显，可配以清热解毒的金银花、连翘等。

双黄连可溶性粉

【主要成分】金银花、黄芩、连翘。

【性状】本品为黄色至淡棕黄色的粉末。

【功能】辛凉解表，清热解毒。

【主治】感冒发热。

【用法与用量】饮水：每 1L 水，仔猪 1g，连用 3d。

3. 清热解毒药　凡能清解热毒或火毒的药物称为清热解毒

药。这里所称的毒，为火热壅盛所致，有热毒或火毒之分。本类药物主要适用于痈肿疔疮、丹毒、瘟毒发斑、痄腮、咽喉肿痛、热毒下痢、虫蛇咬伤、癌肿、水火烫伤及其他急性热病等。

白头翁口服液

【主要成分】白头翁、黄连、秦皮、黄柏。

【性状】本品为棕红色液体，味苦。

【功能】清热解毒，凉血止痢。

【主治】湿热泄泻，下痢脓血。

【用法与用量】口服：猪 30～45mL。

板 蓝 根 片

【主要成分】板蓝根、茵陈、甘草。

【性状】本品为棕色的片，味微甘、苦。

【功能】清热解毒，除湿利胆。

【主治】感冒发热，咽喉肿痛，肝胆湿热。

【用法与用量】口服：猪 10～20 片（每片相当于原生药 0.5g）。

4. 清热泻火药 热与火均为六淫之一，统属阳邪。热为火之渐、火为热之极。故清热与泻火两者密不可分。凡能清热的药物，皆有一定的泻火作用。清热泻火药，以清泄气分邪热为主，主要用于热病邪入气分而见高热、烦渴、汗出、烦躁，甚或神昏、脉象洪大等气分实热证。

清 胃 散

【主要成分】石膏、大黄、知母、黄芩等。

【性状】本品浅黄色粉末，气微香，味咸、微苦。

【功能】清热泻火，理气开胃。

【主治】胃热食少、粪干。

【用法与用量】口服：猪 50～80g。

5. 化痰止咳平喘药　凡能祛痰或消痰，以治疗"痰证"为主要作用的药物，称化痰药；以止咳或减轻哮鸣和喘息为主要作用的药物，称止咳平喘药。因化痰药每兼止咳、平喘作用，而止咳平喘药又每兼化痰作用，且病证上痰、咳、喘三者相互兼杂，故统称为化痰止咳平喘药。

止　咳　散

【主要成分】知母、枳壳、麻黄、桔梗、苦杏仁等。

【性状】本品为棕褐色的粉末，气清香，味甘、微苦。

【功能】清肺化痰，止咳平喘。

【主治】肺热咳喘。

【用法与用量】口服：猪 45～60g。

6. 温里药　温里药，又叫祛寒药，以温里祛寒、治疗里寒证为主要作用的药物。本类药物多味辛而性温热，以其辛散温通、偏走脏腑而能温中散寒、祛瘀止痛，故可以用于治疗里寒证。

四　逆　汤

【主要成分】淡附片、干姜、炙甘草。

【性状】本品为棕黄色的液体，气香，味甜、辛。

【功能】温中祛寒，回阳救逆。

【主治】四肢厥冷，脉微欲绝、亡阳虚脱。

【用法与用量】口服：猪 30～50mL。

7. 祛湿药　祛湿药，是由祛湿类药味为主组成的，具有胜湿、化湿、燥湿作用，用以治疗湿邪病证的药物制剂。

藿香正气散

【主要成分】广藿香油、紫苏叶油、茯苓、白芷、大腹皮等。

【性状】本品为灰黄色的粉末，气香，味甘、微苦。

【功能】解表化湿，理气和中。

【主治】外感风寒，内伤食滞，泄泻腹胀。

【用法与用量】口服：猪 60～90g。

8. 平肝药 平肝药，系由清肝明目、疏风解痉和平肝熄风类药味为主组成，具有清肝泻火、明目退翳、祛风、熄风、解痉作用，用以治疗肝火上炎、肝经风热、风邪外感和肝风内动等证的一类药物制剂。

龙胆泻肝散

【主要成分】龙胆、车前子、柴胡、当归、栀子等。

【性状】本品为淡黄褐色的粉末，气清香，味苦、微甘。

【功能】泻肝胆实火，清三焦湿热。

【用法与用量】口服：猪 30～60g。

9. 补中益气药 补中益气药，是指能调和中焦、补益正气，调整脾胃脏腑功能，治疗中焦气虚病的药物制剂。脾胃气虚是兽医临床的常见证，表现采食量低下、生长迟缓，宜用补中益气类药物。

四 君 子 散

【主要成分】白术（炒）、党参、茯苓、炙甘草。

【性状】本品为灰黄色粉末，气微香，味甜。

【功能】益气健脾。

【主治】脾胃气虚，食少，体瘦。

【用法与用量】口服：猪 30～45g。

10. 活血化瘀药 活血化瘀药，是由活血、逐瘀和止血类药物所组成，具有调理血脉、通经络等作用，是以治疗瘀血和出血病症的一类药物制剂。

益母生化合剂

【主要成分】益母草、当归、川芎、桃仁、炮姜等。

【性状】本品为淡橙黄色至棕黄色的液体，气香，味微甜。

【功能】活血祛瘀，温经止痛。

【主治】产后恶露不行，血瘀腹痛。

【用法与用量】口服：猪 30～50mL。

11. 益气固表药　益气固表药，是由补益正气、固护卫气类药物组成，具有益气、固表、止汗等作用，以治疗气虚、肌表不固的一类药物制剂。代表性药物为：玉屏风颗粒。

玉屏风颗粒

【主要成分】黄芪、白术（炒）、防风。

【性状】本品为浅黄色至棕黄色颗粒，味微苦、涩。

【功能】益气固表，提高机体免疫力。

【主治】用于提高猪对猪瘟疫苗的免疫应答。

【用法与用量】混饲：每 1kg 饲料，仔猪 1g，连用 7 日。

第三节　粪污处理

一、猪场粪污来源及产量

（一）猪场粪污来源

1. 猪舍冲洗用水

水冲洗和干清粪工艺是猪场传统的两种清粪方式。水冲洗时，部分猪尿和猪粪会随废水一同排放，干清粪工艺能够尽可能地减少废污直接排放到水体。根据统计数据，水冲洗粪便工艺每万头猪每日排放冲洗水约 200t，年排放约 7.3 万 t；干清粪工艺每日排放冲洗水约 100t，年排放约 3.65 万 t，如此巨大的排放量对环境造成的压力是可想而知的。

2. 猪粪尿

粪便和尿液每天都会不断产生，这是猪场粪污的主要来源。

一般情况下，育肥场每头猪日产 2～3kg 的粪便，每年出栏万头肥猪就会产生 7 300～10 950t 粪便；规模化种猪场排污量会更大，如果处理不当就会对环境造成严重的影响。

3. 恶臭

规模养猪场周围空气中出现的恶臭，主要来自猪粪便及未发酵充分的沼液。未经充分消化的蛋白质饲料随粪便排出，这些粪便经厌氧发酵产生大量的氨气和硫化氢臭味气体，如果粪污未及时清除或清除后未及时处理，将会进一步产生甲基硫醇、二甲二硫醚、甲硫醚、二甲胺及多种形式低级脂肪酸等恶臭气体 200 余种，臭味成倍增加。一般情况下，年出栏万头的育肥猪场，日均向大气排放氨气约 38.16kg、二硫化碳 34.8kg。

4. 粉尘和微生物

在猪舍分放饲料、清扫地面、通风、除粪等过程中，不可避免要产生大量的尘埃。猪舍空气中的微生物大多附着在粉尘粒子上，以微生物气溶胶的形式悬浮于空气中并且可以在空气中长时间停留。由于空气具有高度的流动性和扩散性，携带病原微生物的气溶胶微粒可以在空气中四处扩散，从而引发相关疾病的传播。一般情况下，一个年产万头的猪场每小时可向大气排放粉尘 2.4kg、细菌 1.4 亿个。冬季猪舍内的粉尘浓度可超标 60 余倍，细菌总数超标 1 300～1 700 倍，再加上季风等环境因素，这些潜在的病原体的影响范围会不断扩大。

（二）猪场粪污产量估算

猪场粪污（主要包括粪便、尿液）的产生量通常以年为单位，依据猪的产污系数、饲养量和饲养天数这三个参数计算公式来估算。计算公式为：粪污产生量＝产污系数×饲养量×饲养周期。其中，种猪群的饲养量常以猪场基础母猪、种公猪、后备猪的存栏量计算，商品猪群常以猪场哺乳期、保育期、生长育肥期的生猪出栏量计算。种公（母）猪的饲养周期按365d计算，而后备猪和商品猪的饲养周期与猪场采取的生产工艺有关，通常后备猪的饲养周期设定为180d。产污系数是指在正常生产和管理条件下，一定时间内（一般为每天）单个生猪所产生的原始粪尿量及粪尿中各种污染物的产生量，与猪的品种、体重、生理状态、饲料组成和饲喂方式等因素密切相关，目前国内还没有统一的畜禽粪便排泄系数标准。不同猪场可参考表2-14至表2-15中给出的产污系数参考值，结合猪场实际情况选用或调整后应用。

表 2-14　不同地区猪的产污系数

地区	项目	保育猪	育肥猪	妊娠母猪
华北	参考体重（kg）	27	70	210
	粪便量 [kg/(头·d)]	1.04	1.81	2.04
	尿液量 [L/(头·d)]	1.23	2.14	3.58
	化学需要量 [g/(头·d)]	236.76	419.56	482.17
	全氮 [g/(头·d)]	20.4	33.23	43.66
	全磷 [g/(头·d)]	3.48	6.06	9.93
	铜 [mg/(头·d)]	180.26	169.13	153.48
	锌 [mg/(头·d)]	238.44	281.7	278.96
东北	参考体重（kg）	23	74	175
	粪便量 [kg/(头·d)]	0.58	1.44	2.11
	尿液量 [L/(头·d)]	1.57	3.62	6.00
	化学需要量 [g/(头·d)]	167.76	430.73	582.85
	全氮 [g/(头·d)]	26.03	57.7	78.67
	全磷 [g/(头·d)]	3.05	6.16	11.05
	铜 [mg/(头·d)]	95.50	236.56	185.14
	锌 [mg/(头·d)]	175.36	237.01	352.72

（续）

地区	项目	保育猪	育肥猪	妊娠母猪
华东	参考体重（kg）	32	72	232
	粪便量［kg/（头·d）］	0.54	1.12	1.58
	尿液量［L/（头·d）］	1.02	2.55	5.06
	化学需要量［g/（头·d）］	164.89	337.90	472.34
	全氮［g/（头·d）］	11.35	25.40	39.60
	全磷［g/（头·d）］	1.44	3.21	5.11
	铜［mg/（头·d）］	161.11	190.55	155.49
	锌［mg/（头·d）］	154.19	281.60	405.82
中南	参考体重（kg）	27	74	218
	粪便量［kg/（头·d）］	0.61	1.18	1.68
	尿液量［L/（头·d）］	1.88	3.18	5.65
	化学需要量［g/（头·d）］	187.37	358.82	542.45
	全氮［g/（头·d）］	19.83	44.73	51.15
	全磷［g/（头·d）］	2.51	5.99	11.18
	铜［mg/（头·d）］	82.24	118.79	113.55
	锌［mg/（头·d）］	145.61	290.91	365.47
西南	参考体重（kg）	21	71	238
	粪便量［kg/（头·d）］	0.47	1.34	1.41
	尿液量［L/（头·d）］	1.36	3.08	4.48
	化学需要量［g/（头·d）］	142.02	403.67	446.41
	全氮［g/（头·d）］	10.97	19.74	22.02
	全磷［g/（头·d）］	1.94	4.84	6.55
	铜［mg/（头·d）］	102.64	236.47	89.17
	锌［mg/（头·d）］	131.67	275.55	312.50
西北	参考体重（kg）	30	65	195
	粪便量［kg/（头·d）］	0.77	1.56	1.47
	尿液量［L/（头·d）］	1.84	2.44	4.06
	化学需要量［g/（头·d）］	207.52	397.12	357.97
	全氮［g/（头·d）］	21.49	36.77	40.79
	全磷［g/（头·d）］	2.78	4.88	5.24
	铜［mg/（头·d）］	199.89	182.40	58.32
	锌［mg/（头·d）］	104.65	123.14	91.08

资料来源：畜禽养殖业产污系数与排污系数手册。

表 2 - 15　不同猪群类别的产污系数

猪群类别	饲养时间（d）	粪便量 [kg/(头·d)]	尿液量 [L/(头·d)]
种公猪	365	1.7	3.3
种母猪	365	1.7	3.3
哺乳仔猪	28	0.5	2
保育仔猪	35	0.7	2.5
育成猪	35	1	2.7
小肉猪	45	1	2.7
大肉猪	35	1.7	3.3

资料来源：周天墨 等，2014。

二、猪场粪污达标排放标准

我国将猪场污染物分为废渣、水污染物和恶臭污染物三类，经处理后排放的标准也依次分为三类。目前，我国现行有效的达标排放标准为：《畜禽养殖业污染物排放标准》（GB 18596—2001）。该标准依据 25kg 以上生猪存栏量将生猪养殖场和养殖小区划分为 Ⅰ 级（生猪存栏量≥3 000 头的养殖场，生猪存栏量＞6 000 头的养殖小区）和 Ⅱ 级（500 头≤生猪存栏量＜3 000 头的养殖场，3 000 头≤生猪存栏量＜6 000 头的养殖小区）。

（一）废渣排放标准

废渣是养猪场外排的生猪粪便、垫料、废饲料等固体废物。废渣经无害化处理后需达到表 2 - 16 的规定后排放。

表 2 - 16　养猪场废渣无害化处理环境标准

控制项目	指标
蛔虫卵死亡率	≥95%
粪大肠杆菌群数（个/kg）	≤10^5

资料来源：《畜禽养殖业污染物排放标准》（GB 18596—2001）。

（二）水污染物排放标准

水污染物排放标准包含最高允许排水量和水污染物最高允许日均排放浓度。最高允许排水量不得超过表 2 - 17 的规定，水污染物最高允许日均排放浓度不得超过表 2 - 18 的规定。

表 2 - 17　规模化猪场废污排放量上限

项目	水冲洗工艺 [m³/(百头猪·d)]		干清粪工艺 [m³/(百头猪·d)]	
季节	冬季	夏季	冬季	夏季
标准值	2.5	3.5	1.2	1.8

表 2 - 18　养殖场水污染物最高允许日均排放浓度

控制项目	五日生化需氧量 (mg/L)	化学需氧量 (mg/L)	悬浮物 (mg/L)	氨氮 (mg/L)	总磷 (mg/L)	每100mL 粪中大肠杆菌群数 (个)	蛔虫卵 (个/L)
标准值	150	400	200	80	8.0	1 000	2.0

（三）恶臭污染物排放标准

恶臭污染物是指养猪场外排的一切刺激嗅觉器官、引起人不愉快及损害生活环境的气体物质。恶臭污染物排放按表 2 - 19 的规定执行。

表 2 - 19　养猪场废渣无害化处理环境标准

控制项目	标准值（kg）
臭气浓度（无量纲）	70

资料来源：《畜禽养殖业污染物排放标准》（GB 18596—2001）。

三、粪污处理模式

粪污处理包括收集、运输到贮存池贮存或处理后排放等环节。

(一) 猪场粪污收集

1. 舍内清粪

病原菌往往以粪便为庇护滋生场所得以生存较长时间。猪粪应尽快清出圈舍，特别是仔猪圈舍。快速清粪的最好办法是采用漏缝地板加刮粪机清理。应用良好的漏缝地板，猪粪较容易漏到地板下面的集粪区或粪池。

目前圈舍的建设多采用长方形猪栏设计，长宽比为（1.5～2）：1。这样布局可有效形成排泄区和采食休息区。猪在漏缝地板上排泄粪尿，在实心地面上采食休息，保持了栏圈的干燥卫生。漏缝地板至少应占整圈（栏）面积的30%～40%。板条的走向应平行于猪圈或猪栏的长轴方向，减少猪蹄腿的摩擦损伤。实心地面区应向漏缝地板区倾斜。如果不用猪床，倾斜坡度为4°～5°；如果用猪床，则为2°～3°。实心地面与漏缝地板交界处做圆滑处理，防止猪只活动时损伤。推荐在保育舍实心地面铺设或安装加热电缆或水暖管道。

猪栏宽度为1.5～2m，长度应为宽度的2～4倍；料槽设置在实心地面处，水源则设在漏缝地板上方或靠近漏缝地板区。在实心地面部分应用实体隔墙，而在漏缝地板部分用垂直杆隔栏，有利于调教猪的排便习惯。将猪舍地面整体抬高60～100cm，不仅有利于猪舍通风、干燥、排水、防鼠，还有利于猪舍内粪污的排出。育肥舍粪沟宽度以3～4m为宜，保育舍粪沟宽度以1.5～2m为宜，产床下粪沟宽度以1.1m为宜，限位栏粪沟宽度以1m为宜。最好采用暗道排污，有利于雨污分离。

2. 源头减量

（1）节水型饮水设备 猪场粪污除粪尿以外，还有猪饮水或玩耍时洒落的水，增加了污水量。因此，需减少猪饮水时的浪费。现多采用饮水碗及干湿饲喂器，以达到猪舍干燥和减少污水量的目的。

（2）减少冲栏、冲粪的用水浪费　可在猪舍设计时，采用免冲栏技术，并推广粪沟内粪尿自动分离、机械刮粪的干清粪技术。

（3）从空舍清洗消毒上减少用水量　猪群转出后，要及时采用人工干清扫法清除圈栏内残留的猪粪，防止过多的固体粪污流入污水系统。干清扫之前要喷洒清水或消毒剂，以防止扬尘发生。高压冲洗前2～4h，先用少量的水将栏舍与地面全部喷湿，软化粪污。在高压冲洗时，做到干净、彻底、不留死角。猪舍进行消毒时，先用喷洒消毒剂的方法进行消毒，然后用火焰消毒器对重点金属、混凝土部位进行燃烧消毒，最后选用戊二醛发生器或臭氧发生器进行熏蒸消毒。

（4）雨污分流　为降低自然降水增加的污水量，在猪场建设时，考虑生产区排水时通常仿造城市排水方式，通过边井加盖，然后经管道排走，最后统一汇集到污水池。如要做到雨污分离，可对液态粪采用PVC管道进行全封闭，还要每20m建一个上口高于地面的沉淀池，并用水泥盖板封闭，既要留有排气孔，还要防止鼠类进入。

（二）粪便向贮粪池的转运

如果贮粪池（坑）直接在漏缝地板下面，粪便的转运和贮存问题就比较简单，但粪便贮存5～7d，微生物大量繁殖，产生大量的臭气污染猪舍，将严重影响猪群和饲养人员的健康。安排每周1～2次将舍内粪便运到舍外的贮粪场所，就可以避免上述问题。

1. 转运粪便的方式

转运粪便的基本方法有三种，即干清粪、冲洗法和水泡粪。

冲洗法和水泡粪由于耗水量大，会增加粪污处理成本。

（1）干清粪 粪便一经产生就将粪、尿和污水分离，干粪由机械或人工收集、清扫运至粪便堆放场，尿及冲洗污水则从下水道流进污水池贮存。

干清粪分为粪尿分离机械刮粪模式和人工清粪模式。粪尿分离机械刮粪模式是指在建设粪沟时，保持整条粪沟有 1°左右的坡度，并在粪沟中心安装一条粪尿分离管，并使粪沟横截面呈 V形，使粪沟两侧到中心粪尿管保持 1°~2°的坡度。人工清粪一般在猪舍内设有排粪区，地面有 1°~3°的坡度，邻接排粪区设有粪尿沟，粪尿顺斜坡流入粪尿沟，粪尿沟上设有漏缝板，以防止猪粪落入，尿和污水由粪尿沟经地下排污水管流入舍外的化粪池，猪粪则由手推车人工清除送到贮粪场。粪尿沟和地下排污水管每隔一段距离应设一个沉淀池并定期清除沉淀物，排污水管和排雨水管必须分开，以免加大污水处理，防止雨天溢出地面污染环境。很适合中小型肉猪生产场（户）采用。

（2）冲洗法 如果水源充足，粪池容积大，冲洗法效果较佳。如设计合理、操作得法，冲洗系统能清走粪沟中的大部分粪便，猪舍中气体和臭味很小。

（3）水泡粪 在猪舍内的排粪沟中注入一定量的水，粪尿、冲洗和饲养管理用水一并排放缝隙地板下的粪沟中，储存一定时间后（一般为 1~2 个月），待粪沟装满后，打开出口的闸门，将沟中粪水排出。粪水顺粪沟流入粪沟主干沟，进入地下贮粪池或用泵抽吸到地面贮粪池。比水冲粪工艺节省用水，但由于粪便长时间在猪舍中停留，形成厌氧发酵，产生大量的有害气体，粪水混合物的污染物浓度更高，后续处理难度大、费用高。

2. 不同猪场舍内清粪工艺的选择

（1）中小型猪场舍内清粪工艺的选择 ①中小型猪场的产房

和保育舍采用分单元饲养方式，往往一栋舍有数个小单元的建筑格局，可以考虑水泡粪工艺。利用空栏时间，彻底排空粪池，冲洗干净。②妊娠母猪、空怀母猪、后备母猪、育成育肥猪的猪舍，由于猪粪排泄量大，人工清粪工作量也大。此类猪舍方便安装机械刮粪设施，推荐采用机械刮粪工艺。

（2）大型猪场舍内清粪工艺的选择　①大型猪场的产房和保育舍虽然采用了单元饲养方式，但一般产房和保育舍的面积较大，而且独立成栋，比较方便安装机械清粪设施，推荐采用机械刮粪工艺。如果猪场周边具有大面积的液态粪污消纳耕地，也可选择水泡粪工艺，但舍内的通风设施要进行优化处理。②妊娠母猪舍、空怀母猪舍、后备母猪舍及育成育肥舍均可采用机械刮粪板干清粪工艺。

（三）粪便的储存

固态粪一般采用堆肥处理，适宜制作有机肥，能够远距离运输，可产生经济效益和社会效益，且不构成污染源。液态粪主要是少量溶解在水中的粪便，污量大，肥效低，运输不便。需在猪场周边的土地上进行消纳，一旦处理不好，将造成严重污染。土地消纳具有季节性，粪便应有适宜的储存设施。

1. 固态粪贮存设施

根据《畜禽规模养殖场粪污资源化利用设施建设规范（试行）》要求，规模养殖场干清粪或固液分离后的固体粪便采用堆肥、沤肥、生产垫料等方式处理利用。固体粪便堆肥（生产垫料）宜采用条垛式、槽式、发酵仓、强制通风静态垛等好氧工艺，或其他适用技术，同时配套必要的混合、输送、搅拌、供氧等设施设备。猪场堆肥设施发酵容积不小于 $0.002m^3 \times$ 发酵周期（d）$\times$ 设计存栏量（头）。

固态粪贮存池除主体建筑外，还需考虑配套设施，如防雨设施，每5m一个隔断池，池外水泥道面等配套设施一应俱全。目前半地上建造贮粪池已成为国内、外流行的趋势，因其既可防止渗漏造成地下水的污染，又便于下道工序的进行。贮粪池要求里面高、外面低、坡度为1°。一般池高以1.7m为宜，地下部分为0.5m，地面要做防渗处理且硬化厚度应能承受粪便运输载重要求；地上部分为1.2m，墙体厚度不小于0.24m，墙体里外要用水泥粉刷；顶部要加盖防雨棚，以防雨水渗入，雨棚最低处距离地面不低于3.5m，便于铲车工作；堆肥场所需容积按照每出栏10头猪约1m³进行计算。贮粪池贮存期按3个月计，防渗采用10cm厚混凝土，四周砌170cm砖墙，顶棚铺设石棉瓦；贮粪池三面砌墙一面开口，池内距开口3m处建有坡道。猪场每日排固态粪量、贮粪池相关系数见表2-20。

表2-20　贮粪池相关系数一览

年出栏育肥猪（头）	日产粪数量（t）	季产粪数量（t）	贮粪池面积（m²）	贮粪池长×宽（m）
3 000	3	270	180	18×10
5 000	5	450	300	30×10
10 000	10	900	600	60×10
20 000	20	1 800	1 200	120×10

注：在贮粪池的长轴，每隔5m建一分隔墙，以利于不同水分固态粪的小池专贮。

2. 液态粪贮存设施

液体或全量粪污通过氧化塘、沉淀池等进行无害化处理的，氧化塘、贮存池容积不小于单位畜禽日粪污产生量（m³）×贮存周期（d）×设计存栏量（头）。生猪单位畜禽粪污日产生量推荐值为0.01m³，液体或全量粪污采用异位发酵床工艺处理的，每头存栏生猪粪污暂存池容积不小于 0.2m³，发酵床建设面积不小于 0.2m³，并有防渗防雨功能，配套搅拌设施。

粪贮存设施建造要远离湖泊、小溪、水井等水源地，以免对地表水造成污染。猪粪贮存地点要设在猪场下风处隔离区的地段上，这样既便于贮存，又不影响猪场内卫生环境的控制。猪粪贮存处与猪舍要留有足够的距离，以防蚊蝇、鼠、雀的变相污染和猪粪微生物随气溶胶带入猪舍导致感染。严格控制净道与污道交叉，以免饲养人员、饲养工具、车辆等将病原微生物带入舍内，引起猪群感染。贮存池的池底和里面应做防渗处理并进行水泥粉刷；贮存池高出地面 0.5m 以上，深度一般不超过 4m；污水贮存池的体积按 4～6 个月的贮存时间，猪 1.2～1.8m³/头进行计算。

（四）猪场粪污处理与利用

1. 固体粪污处理与利用

（1）固体粪污处理方式

①好氧堆肥处理：好氧堆肥通常由预处理、发酵、后处理、贮存等工序组成。堆肥场地一般由固体粪污贮存池、堆肥场地及成品堆肥存放场地等组成。采用间歇式堆肥处理时，堆肥场宜设有至少能容纳 6 个月堆肥产量的贮存设施。堆肥场地应建立防渗的堆肥渗滤液收集贮存池，配置防雨淋设施和雨水排水系统。好氧堆肥预处理应符合下列要求：堆肥粪便的起始含水率 40%～60%；碳氮比（C/N）应为（20∶1）～（30∶1），可通过添加植物秸秆、稻壳等物料进行调节，必要时需添加菌剂和酶制剂；堆肥粪便的 pH 应控制在 6.5～8.5。好氧发酵过程应符合下列要求：发酵过程温度宜控制在 55～65℃，且持续时间不得少于 5d，最高温度不宜高于 75℃；堆肥物料各测试点的氧气浓度不宜低

于 10％；发酵结束时碳氮比不大于 20：1，含水率为 20％～35％；腐熟度应大于等于Ⅳ级。

猪场可根据实际情况采用异位（高床）发酵工艺。异位（高床）发酵床池底及场地应具备防渗功能，配置防雨淋设施和雨水排水系统。采用异位（高床）发酵床处理时，混合物发酵温度应保持在 55℃以上，含水率不宜超过 65％。当不能满足以上条件时，应通过增加翻堆、通风、垫料等方式进行相应调整。如发现"死床"，应局部或全部更换热料。当热料减少 10％时，及时补充垫料。发酵床垫料的使用寿命一般不超过 1 年。

②厌氧发酵处理：厌氧条件下，专性厌氧菌使粪污中的有机物降解并产生沼气，处理设施包括高温、中温和常温沼气消化处理池。沼气消化处理池必须达到抗渗和气密性要求，并采取有效的防腐蚀措施和保温措施。养猪场根据发酵原料的特性和本单元拟达到的处理目的选择适合的厌氧消化器，设计流量宜按发酵原料最大月日平均流量计算。

（2）固体粪污资源化利用

①堆肥：堆肥处理利用工艺是猪场的粪污经过腐熟处理后作为固体肥料的处理利用工艺。堆肥发酵后的物料被腐熟，病原菌、寄生虫卵等有害微生物被大部分消灭，重金属的稳定性大增，有机质分解成易于农作物吸收的分子，恶臭味基本消除。生产的有机肥能改善土壤有机质的含量，增加植物的营养供给，具有循环农业经济的资源效益和社会效益。还田的固体粪污、堆肥，以及以其为原料制成的商品有机肥、生物有机肥、有机复合肥应符合以下条件：蛔虫卵死亡率为 95％～100％，粪大肠菌值（无量纲）为 10^{-2}～10^{-1}，堆肥中及堆肥周围没有活的蛆、蛹或新孵化的成蝇；以烘干基计，总砷≤15mg/kg，总汞≤2mg/kg，总铅≤50mg/kg，总镉≤3mg/kg，总铬≤150mg/kg。工厂化猪

粪堆肥生产适用于规模化猪场。

②沼渣利用：能源生态型处理利用工艺是养殖场的粪污经过厌氧消化处理后，以生产沼气等清洁能源为主要目标，发酵剩余物作为农田固肥、水肥利用的处理利用工艺。该工艺需要足够的农田或市场能够消纳厌氧发酵后的沼液和沼渣，适用于周边环境容量大、排水要求不高的地区。沼渣应及时运至固体粪污堆肥场或其他无害化场所进一步堆制，充分腐熟后才能使用。沼渣中蛔虫卵死亡率为 $95\% \sim 100\%$，粪大肠菌值（无量纲）为 $10^{-2} \sim 10^{-1}$，堆肥中及堆肥周围没有活的蛆、蛹或新孵化的成蝇。

③其他资源化利用：养殖场可根据不同区域、不同畜种、不同规模，采用蚯蚓堆肥、黑水虻处理等其他固体粪污资源化利用方式。

2. 液体粪污处理与利用

（1）液体粪污处理方式

①厌氧处理：厌氧生物处理单元包括厌氧反应器、沼气收集与处置系统（净化系统、储气罐、输配气管和使用系统等）、沼液和沼渣处置系统。厌氧反应器的类型和设计应根据粪污种类和工艺路线确定，容积宜根据水力停留时间（HRT）确定。厌氧反应器应达到防火、水密性与气密性的要求，并设有防止超正、负压的安全装置及措施，有取样口、测温点。当温度条件不能满足工艺要求时，厌氧反应器宜采用池（罐）外保温措施，可用蒸汽直接加热，蒸汽通入点宜设在集水池（或计量池）内，也可用厌氧反应器外热交换或池内热交换。

②好氧处理：好氧反应单元前应设置配水池，宜采用具有脱氮功能的好氧处理工艺。好氧反应单元的类型和设计应根据粪污种类和工艺路线确定，每日污泥负荷（五日生化需氧量/混合液挥发性悬浮固体）宜为 $0.05 \sim 0.1$，混合液挥发性悬浮固体浓度

宜为 2.0～4.0g/L；去除氨氮时，完全硝化要求进水的总碱度（以碳酸钙计）/氨氮的比值＞7.14；脱总氮时，进水的碳氮比（五日生化需氧量/总氮）＞4，总碱度（以碳酸钙计/氨氮的比值）＞3.6。

③自然处理：自然处理工艺包括稳定塘技术、人工湿地和土地处理。稳定塘采用常规处理塘，如兼性塘、好氧塘、水生植物塘等，塘址的土地渗透系数（K）大于 0.2m/d 时，做好防渗处理。稳定塘有效表面积与有效容积可采用污染物负荷法计算确定，好氧塘的单塘面积不宜超过 6 万 m²，厌氧塘的单塘面积不宜超过 8 万 m²，其他类型塘的单塘面积不宜超过 2 万 m²。当单塘长宽比小于 3∶1 或不规则时，应设置避免短流、滞流现象的导流设施。人工湿地适用于有地表径流和废弃土地，常年气温适宜的地区，应根据污水性质及当地气候、地理实际状况，选择适宜的水生植物。表面流湿地水力负荷宜为 2.4～5.8cm/d；潜流湿地水力负荷宜为 3.3～8.2cm/d；垂直流人工湿地水力负荷宜为 3.4～6.7cm/d。设置填料时，可适当提高水力负荷。采用土地处理宜控制液体粪污有害物质浓度，加强监测管理，防止污染地下水。

（2）液体粪污资源化利用　液体粪污经处理后作为农田灌溉用水的，应符合农田灌溉水质标准（GB 5084—2021）。处理后回用，应进行消毒处理，不得产生二次污染。处理后达标排放的液体不得排入敏感水域和有特殊功能的水域，养殖液体粪污处理设施应设置标准的废水排放口和检查井。

厌氧发酵产生沼液需要储存到沼液储存池中。沼液储存池总容积一般不得少于 60d 的沼液产生量，并进行防渗设计。经厌氧发酵的沼液消灭了有害物质，为下一步消纳还田获得通行证。沼液作为农田、牧草地、林地、大棚蔬菜田、苗木基地、茶园、果园等地有机肥料，水分含量为 $96\% \sim 99\%$，酸碱度为 $6.8 \sim 8.0$，鲜基样的总养分含量 $\geqslant 0.2\%$。沼液重金属应符合允许指标，以烘干基计，总砷 $\leqslant 15mg/kg$，总汞 $\leqslant 2mg/kg$，总铅 $\leqslant 50mg/kg$，总镉 $\leqslant 3mg/kg$，总铬 $\leqslant 150mg/kg$。

沼液资源化利用最关键的因素就是猪场周边是否具有足够的消纳沼液的土地面积。沼液还田主要考虑氮、磷、钾三种元素的含量，由于沼液中氮的比例远远高于农作物需求比例，通常用总氮量作为限制性参数。根据不同清粪工艺，沼液含氮量由高到低是冲洗法、水泡粪、干清粪。沼液消纳地应选择种植对水分、养分需求量适合的果蔬、茶、牧草等作物，按照需求消纳沼液。

对于周边没有足够消纳地的畜禽场，可根据当地实际情况，通过车载或管道形式将沼液输送至消纳地，加强管理，严格控制沼液输送沿途的弃、撒和跑冒滴漏。对于周边有充足消纳地的畜禽场，可通过管道形式将处理后沼液输送至消纳地，进行资源化利用。沼液施用时一般采用普通喷灌、滴灌等方式，避免传统地面灌溉耗水量大、利用率低，以及沼液溢出到消纳地以外的水体等问题。推荐采用注入式灌溉，或软管浇施技术，提高节水性能和节水利用率，减少灌溉过程中的臭气排放，保证施肥均匀。条件允许的情况下，可采用水肥一体化技术。按土壤养分含量和作物种类的需肥规律和特点，将沼液与灌溉水混合，相融后进行灌溉。

3. 恶臭处理

畜禽养殖过程应采取控制饲养密度、加强舍内通风、密闭粪污处理、及时清粪、采用除臭剂、集中收集处理、绿化等综合防控措施，有效减少臭气污染。畜禽养殖场臭气浓度（无量纲）应小于或等于 60。

第四节　病死猪无害化处理

一、病死猪无害化处理方法

病死猪无害化处理是指用物理、化学等方法处理病死生猪尸体及相关产品，消灭其所携带的病原体，消除其尸体危害的过程。病死猪无害化处理方法主要有焚烧法、化制法、掩埋法和发酵法。

二、病死猪无害化处理的操作流程

（一）焚烧法

1. 直接焚烧法

（1）技术工艺　①视情况对病死猪尸体及其相关产品进行破碎预处理。②将病死猪尸体及相关产品或破碎产物，投至焚烧炉本体燃烧室，经充分氧化、热解，产生的高温烟气进入二燃室继续燃烧，产生的炉渣经出渣机排出。燃烧室温度应＞850℃。③二燃室出口烟气经余热利用系统、烟气净化系统处理后达标排放。④焚烧炉渣与除尘设备收集的焚烧飞灰应分别收集、贮存和运输。焚烧炉渣按一般固体废物处理；焚烧飞灰和其他尾气净化装置收集的固体废物如属于危险废物，则按危险废物处理。

（2）操作注意事项　①严格控制焚烧进料频率和重量，使物料能够充分与空气接触，保证完全燃烧。②燃烧室内应保持负压状态，避免焚烧过程中发生烟气泄露。③燃烧所产生的烟气从最后的助燃空气喷射口或燃烧器出口到换热面或烟道冷风引射口之间的停留时间应＞2s。④二燃室顶部设紧急排放烟囱，应急时开启。⑤应配备充分的烟气净化系统，包括喷淋塔、活性炭喷射吸附器、除尘器、冷却塔、引风机和烟囱等，焚烧炉出口烟气中氧含量应为 6%～10%（干气）。

2. 炭化焚烧法

（1）技术工艺　①将病死猪尸体及相关产品投至热解炭化室，在无氧情况下经充分热解，产生的热解烟气进入燃烧（二燃）室继续燃烧，产生的固体炭化物残渣经热解炭化室排出。热解温度应＞600℃，燃烧（二燃）室温度＞1 100℃，焚烧后烟气在 1 100℃以上停留时间＞2s。②烟气经过热解炭化室热能回收后，降至 600℃左右进入排烟管道。烟气经过湿式冷却塔进行"急冷"和"脱酸"后进入活性炭吸附器和除尘器，最后达标排放。

（2）注意事项　①应检查热解炭化系统的炉门密封性，以保证热解炭化室的隔氧状态。②应定期检查和清理热解气输出管道，以免发生阻塞。③热解炭化室顶部需设置与大气相连的防爆口，热解炭化室内压力过大时，可自动开启泄压。④应根据处理病死猪的体积严格控制热解的温度、升温速度及物料在热解炭化室里的停留时间。

（二）化制法

1. 干化法

（1）技术工艺　①视情况对病死生猪尸体及相关产品进行破碎预处理。②病死生猪尸体及相关产品或破碎产物输送入高温高压容器。③处理物中心温度＞140℃，压力＞0.5MPa（绝对压力），时间＞4h（具体处理时间随需处理病死生猪尸体及相关产品或破碎产物种类和体积大小而设定）。④加热烘干产生的热蒸汽经废气处理系统后排出。⑤加热烘干产生的尸体残渣传输至压榨系统处理。

（2）操作注意事项　①搅拌系统的工作时间应以烘干剩余物

基本不含水分为宜，根据处理物量的多少，适当延长或缩短搅拌时间。②应使用合理的污水处理系统，有效去除有机物、氨氮，达到国家规定的排放要求。③应使用合理的废气处理系统，有效吸收处理过程中尸体腐败产生的恶臭气体，使废气排放符合国家相关标准。④高温高压容器操作人员应符合相关专业要求。⑤处理结束后，需对墙面、地面及其相关工具进行彻底清洗消毒。

2. 湿化法

（1）技术工艺　①视情况对病死生猪尸体及相关产品进行破碎预处理。②将病死生猪尸体及相关产品或破碎产物送入高温高压容器，总质量不得超过容器总承受力的 4/5。③处理物中心温度＞135℃，压力≥0.3MPa（绝对压力），处理时间＞30min（具体处理时间随需处理病死生猪尸体及相关产品或破碎产物种类和体积大小而设定）。④高温高压结束后，对处理物进行初次固液分离。⑤固体物经破碎处理后，送入烘干系统；液体部分送入油水分离系统处理。

（2）操作注意事项　①高温高压容器操作人员应符合相关专业要求。②处理结束后，需对墙面、地面及其相关工具进行彻底清洗消毒。③冷凝排放水应冷却后排放，产生的废水应经污水处理系统处理达标后排放。④处理车间废气应通过安装自动喷淋消毒系统、排风系统和高效微粒空气过滤器等进行处理，达标后排放。

（三）掩埋法

1. 直接掩埋法

（1）选址要求　①应选择地势高燥、处于下风向的地点。②应远离猪场（饲养小区）、动物屠宰加工场所、动物隔离场所、动物诊疗场所、动物和动物产品集贸市场、生活饮用水源地。③应远离城镇居民区、文化教育科研等人口集中区域、主要河流，以及公路、铁路等主要交通干线。

（2）技术工艺　①掩埋坑体容积以实际处理病死生猪尸体及相关产品数量确定。②掩埋坑底应高出地下水位 15m 以上，要防渗、防漏。③坑底洒一层厚度为 2～5cm 的生石灰或漂白粉等消毒药。④将动物尸体及相关动物产品投入坑内，最上层距离地表 15m 以上。⑤使用生石灰或漂白粉等消毒药消毒。

（3）操作注意事项　①掩埋覆土不要太实，以免腐败产气造成气泡冒出和液体渗漏。②掩埋后，在掩埋处设置警示标识。③掩埋后，第一周内应每日巡查 1 次，第二周起应每周巡查 1 次，连续巡查 3 个月，掩埋坑塌陷处应及时加盖覆土。④掩埋后，立即用氯制剂、漂白粉或生石灰等消毒药对掩埋场所进行一次彻底消毒。第一周内应每日消毒 1 次，第二周起应每周消毒 1 次，连续消毒 3 周以上。

2. 化尸窖

（1）选址要求　①猪场的化尸窖应结合本场地形特点，宜建在下风向。②乡镇、村的化尸窖选址应选择地势较高、处于下风向的地点。应远离动物饲养场（饲养小区）、动物屠宰加工场所、动物隔离场所、动物诊疗场所、动物和动物产品集贸市场、泄洪区、生活饮用水源地；应远离居民区、公共场所，以及主要河流、公路、铁路等主要交通干线。

（2）技术工艺　①化尸窖应为砖和混凝土，或者钢筋和混凝土密封结构，应防渗防漏。②在顶部设置投置口，并加盖密封加双锁；设置异味吸附、过滤等除味装置。③投放前，应在化尸窖底部铺洒一定量的生石灰或消毒液。④投放后，投置口密封加盖加锁，并对投置口、化尸窖及周边环境进行消毒。⑤当化尸窖内尸体达到容积的 3/4 时，应停止使用并密封。

（3）注意事项　①化尸窖周围应设置围栏、设立醒目警示标志，以及专业管理人员姓名和联系电话公示牌，应实行专人管理。②应注意化尸窖维护，发现化尸窖破损、渗漏，应及时处理。③当封闭化尸窖内的生猪尸体完全分解后，应当对残留物进行清理，清理出的残留物进行焚烧或者掩埋处理，对化尸窖池进行彻底消毒后，方可重新启用。

（四）发酵法

1. 技术工艺

（1）发酵堆体结构形式主要分为条垛式和发酵池式。

（2）处理前，在指定场地或发酵池底铺设 20cm 厚辅料。

（3）辅料上平铺动物尸体或相关动物产品，厚度＜20cm。

（4）覆盖 20cm 辅料，确保病死生猪尸体或相关产品全部被覆盖。堆体厚度随需处理尸体和相关动物产品数量而定，一般控制在 2～3m。

（5）堆肥发酵堆内部温度＞54℃，1 周后翻堆，3 周后完成。

（6）辅料为稻糠、木屑、秸秆、玉米芯等混合物，或是在稻糠、木屑等混合物中加入特定生物制剂预发酵后的产物。

2. 操作注意事项

（1）因重大动物疫病及人畜共患病死亡的生猪尸体和相关动物产品不得使用此种方式进行处理。

（2）发酵过程中，应做好防雨措施。

（3）条垛式堆肥发酵应选择平整、防渗地面。

（4）应使用合理的废气处理系统，有效吸收处理过程中动物尸体和相关动物产品腐败产生的恶臭气体，使废气排放符合国家相关标准。

第三章
猪群健康管理 ———————

猪群安全是猪场最大的成本竞争优势，猪群安全＝生命（生存）＋健康，因此，想要降低成本、提高效益，关注猪群健康管理尤为重要。

第一节　猪的品种

一、猪种

目前，全世界猪种超过 400 个，其中中国拥有地方猪品种 83 个，为各国之首。虽然中国品种最多，养猪数量最大，但全球分布最广的猪种主要有大白猪、杜洛克猪、长白猪、汉普夏猪和皮特兰猪（图 3-1）。

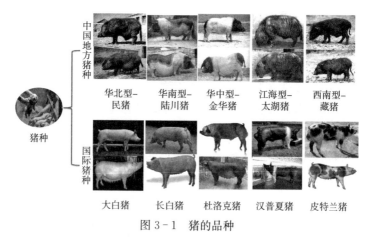

图 3-1　猪的品种

（一）地方品种

中国多样而复杂的地形地貌造就了复杂多样的生态环境，让中国家猪形成了许多相对闭锁的独立群体，不但使中国拥有闻名于世的丰富的猪种资源基因宝库，还对世界著名猪种的形成产生过重要的影响。在 20 世纪 50 年代以后，国家倡导大力发展瘦肉型猪，开始使用外来猪和地方猪的商品经济杂交（二元）方式生产商品猪，也在同一时期不少科研院所开始对土洋杂交猪进行选择、横交固定来培育新品种（系），1958—1990 年，是中国培育品种（系）的高峰期，形成了哈白猪、新金猪、东北花猪、新淮猪、上海白猪、北京黑猪、三江白猪、湖北白猪、湘白猪等 20 多个培育品种（系）。但在 20 世纪 80 年代后，大批量的商品化、专业化的外来腌肉型（瘦肉型）猪不断被引入，地方品种和自主培育品种的数量开始不断减少，时至今日甚至有些处于濒危状态，或已经灭绝。根据 2008 年的统计数据，全国能繁母猪有 4 700 万～4 800 万头，我国地方品种数量低于 5％。2011 年版的《中国畜禽遗传资源志·猪志》中，我国的地方品种有 76 个。2021 年版的《国家畜禽遗传资源品种名录》中，我国的猪地方品种有 83 个。

（二）引入品种

1. 现代瘦肉型猪品种简介

（1）大白猪　全身皮毛白色，偶有少量暗黑斑点，头大小适中，鼻面直或微凹，耳竖立，背腰平直。肢蹄健壮、前胛宽、背阔、后躯丰满，呈长方形体型等特点（图 3 - 2）。

（2）长白猪　体躯长，被毛白色，偶有少量暗黑斑点；头小颈轻，鼻嘴狭长，耳较大，向前倾或下垂；背腰平直，后躯发达，腿臀丰满，整体呈前轻后重，体躯形似子弹（图 3 - 3）。

公猪　　　　　　　　　　　　母猪

图 3-2　大白猪

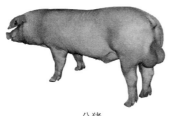

公猪　　　　　　　　　　　　母猪

图 3-3　长白猪

（3）杜洛克　全身被毛棕色或棕黑色，体侧或腹下有少量小暗斑点，头中等大小，嘴短直，耳中等大小，略向前倾，背腰平直，腹线平直，肌肉丰满，后躯发达，四肢粗壮结实（图 3-4）。

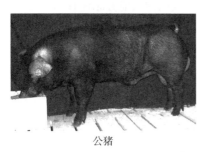

公猪　　　　　　　　　　　　母猪

图 3-4　杜洛克猪

（4）汉普夏猪　耳朵大小适中而薄，向上直立，耳缘毛柔软，两耳间隔广阔。白色肩带环绕肩部及前肢，皮肤平滑无皱纹。忌体躯白带极宽大、后脚飞节以上有白斑、前脚黑色、白带内有斑点及头部除鼻端外有白斑；毛黑而亮，毛质良好。忌漩涡，比约克夏猪稍短，产仔数也较少，以皮薄及良好的胴体品质著称（图3-5）。

公猪　　　　　　　　　　　　母猪

图3-5　汉普夏猪

（5）皮特兰猪　毛色呈灰白色并带有不规则的黑色斑点/斑块，偶尔出现少量棕色毛。头部清秀，颜面平直，嘴大且直，双耳略微向前；体躯呈圆柱形，腹部平行于背部，全身肌肉发达，背直而宽大（图3-6）。

公猪　　　　　　　　　　　　母猪

图3-6　皮特兰猪

2. 不同来源种猪的主要性能特点比较

我国种猪来源主要有欧系（法系、丹系）种猪和北美系（加系、美系）种猪。各品系种猪培育侧重点不同，详见图3-7。但是近年来随着育种技术的进步，各品系的综合性能也在不断提升，特别是针对自身的缺点，育种过程中也在不断完善，如新美系、加系种猪繁殖性能和生长速度均取得较好进展；法系、丹系种猪肢蹄缺陷问题也在逐渐完善。对于猪场来说，选择什么品系母猪取决于猪场饲养环境、饲料营养及饲养管理手段，因此选择适合自己养殖条件的品系，才是最好的。

欧系：着重于繁殖性能的选育，兼顾良好的生长速度与瘦肉率，但对饲养要求相对较高，且肢蹄较弱。饲养要求更高。

- **法系**：种猪繁殖性能好（保留了太湖猪血统，发情明显，哺乳性能较好，产仔率较高），胎次稳定性好，抗逆性强，生长速度快，营养要求适中，体型大等，但是肢蹄较弱（较丹系有较大优势），故淘汰率相对较高，使用年限较短。
- **丹系**：以繁殖性能强著称，遗传相对更稳定，群体一致性好；但由于在育种过程中存在长期闭锁繁育，因此近亲系数高导致遗传缺陷，造成肢蹄缺陷更明显。

北美系：选育更关注于体型与抗逆性（肢蹄、适应性、耐粗性），体现出更强的适应性。

- **加系**：各生产性能指标相对更均衡，无明显缺陷；育种目标更追求个性化，更符合市场与客户特定需求；种猪性能本质与美系无明显差异，但生产性能更优于美系；如产仔性能更高（每胎可多产1～1.5头），生长速度更快，母猪利用年限更长（8胎依然还能保持较好性能）。
- **美系**：适应性好，肢蹄健壮，体型较好，高大美观；但产仔性能一般，母乳性能较差，后备种猪利用率低，初产母猪难产率偏高，以及料重比不理想，背膘较厚，瘦肉率较低。

图 3-7　不同来源猪种特点

二、育种

（一）种猪育种环节

随着市场需求改变，人们在种猪选择时逐渐开始关注并重视猪的综合性能，兼顾养殖户（对高繁殖性能、低饲养成本的需求）、屠宰户（对胴体质量好、瘦肉率高的需求）以及消费者

（对肉品质好的需求）。种猪育种的主要环节见图 3-8。规范的性能测定和准确的遗传评估是种猪育种的前提条件。

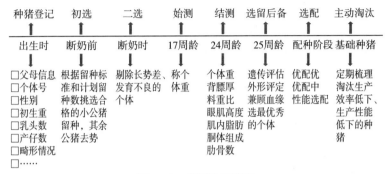

图 3-8 现场选育流程

1. 外貌评定

一种直接根据体型外貌和外形结构进行选种的表型选种法。猪的外形能反映猪的体质、机能、生产性能和健康状况，尤其是对品种特征和肢蹄强健性等项目必须根据外貌评定来选择，故现代种猪育种仍需强调外貌评定。

2. 性能测定

通过对猪只需要改良的性状进行测定，获得个体性能表型数据。根据国家遗传改良计划（2021—2035 年），记录预留猪繁殖性能、115kg 体重日龄、115kg 体重背膘厚。

3. 遗传评定

利用个体性能测定数据和系谱信息，应用 BLUP 方法来进行个体育种值的评定。足够大的育种核心群、规范的性能测定和完整的系谱性能信息，以及持续稳定的饲养环境，可以提高遗传评估的准确性和选择的效果。

4. 选种

选种是收获成果的环节，对技术和经验要求很高。初生选留依据遗传评估结果及现场批次情况进行终测选留及核心群选留。

5. 选配

在确保控制近交的前提下，通过血缘个体组合及配种数量调节，以达到群体最佳的遗传进展。需要通过后裔育种值估计辅助确定配种名单，制订各血缘年度选配计划及公猪月度选配计划。

（二）种猪育种体系建设

种猪育种呈金字塔生产体系，金字塔的最上边是曾祖代，向下依次为祖代、父母代、商品代，确保种猪的选育效果稳定。以长白猪、大白猪、杜洛克猪三个纯种体系为基础，第一代为曾祖代，曾祖代的选育是根据生产性能、繁殖力和胴体性状的测定结果确定的；在此基础上，培育出第二代，即祖代；以此为基础再繁育出第三代父母代；最后在第三代的基础上，根据品种的不同特点，用不同品种的母猪和公猪交叉繁育，生产屠宰商品猪。曾祖代、祖代、父母代、商品代的划分见表3-1。

表3-1 种猪育种体系功能

层级	定位		母猪品种	主要产品	作用
曾祖代	核心群	纯种	皮/杜/长/大*	纯种	育种，为核心群和扩繁群提供后备种猪
祖代	扩繁群	纯种	大白猪	纯种/二元	扩大大白猪纯种群；生产二元种猪
父母代	生产群	二元	长大*	商品猪	生产商品猪
商品代	商品猪	三元	杜长大*		

---

* 皮指皮特兰猪，杜指杜洛克猪，长指长白猪，大指大白猪。

(三) 常见的商品猪生产杂交模式

"元"可以用"代"来理解，一元猪就是纯的一个品种，比如：长白猪就是一元。二元杂交猪即两个品种之间的杂交，三元杂交猪即三个品种之间的杂交，四元杂交猪即四个品种之间的杂交。目前国内应用最广泛的繁育计划是 A×(B×C)，A 是终端公猪，B 是母系父本，C 是母系母本，其中 A 多为杜洛克猪，B 多为长白猪，C 多为大白猪。

常见的商品猪生产杂交模式有杜长大三元杂交猪〔♂杜洛克猪×♀(♂长白猪×♀大白猪)〕、皮长大三元杂交猪〔♂皮特兰猪×♀(♂长白猪×♀大白猪)〕、皮长梅三元杂交猪〔♂皮特兰猪×♀(♂长白猪×♀梅山猪)〕、皮杜长大四元杂交猪〔♂(♂皮特兰猪×♀杜洛克猪)×♀(♂长白猪×♀大白猪)〕。

三、引种

种猪的引入关系着一个养猪企业的未来发展，必须重点关注。

(一) 引种注意事项

引种时需考虑行情。我国养殖业行情波动明显，在低迷期引种，一年后其后代开始出栏，此时一般行情转好；需考虑疫情，引种前，要调查当地和供种场周围地区的疫情，避开疫病流行期；需考虑气候，引种尽量避免高温、高湿、雨雪等恶劣天气；避免购物节、节假日引种。

客户引种可要求育种公司提供的资料，见表 3-2。可要求种猪公司提供售前服务，如生物安全评估、重大疫病检测、合理的引种方案等；售中服务，如帮助挑选合格种猪、提供引种运输、车辆和人员非洲猪瘟检测；售后服务，如跟踪技术服务、重大疫病监测等。

表 3-2　引种时需要的资料要求及作用

项目	要求	作用
种猪档案（系谱）卡	一猪一卡	可追溯种猪来源及各种信息（出生日期、父母代、祖代），防止近亲繁殖
种畜禽生产经营许可证	种猪公司提供	确保是得到相关部门承认的育种公司
售后服务政策	双方签订协议	解决种猪购回后出现的各种问题，保障供需双方的共同利益
种猪质量检测卡	一猪一卡	了解种猪从出生到引种时的信息（初生重、断奶个体重、70 日龄料重比、免疫情况等）
种猪性能测定数据	测定数据科学	了解种猪品种特征、繁殖性能、生长性能、胴体品质等完整信息
引种须知		保证客户引种顺利进行
正式发票	种猪公司提供	供备案、报销

（二）引种流程

后备种猪引种流程见图 3-9，引入的全程应尽可能减轻、减少各种应激，确保猪只隔离、消毒、保健、驯化、免疫、健康生产，杜绝引入→退化→再引入现象发生。最好不要从多家引种，系谱不清、乱混群、不好的坚决淘汰。

1. 栏舍准备

彻底空栏冲洗并消毒 1 周以上，撒上石灰形成隔离带；封锁栏舍（包括饲养员）不能串栏与其他畜禽接触，谢绝参观，做好接猪前的一些准备。要求水电畅通，通风向阳，能防寒保暖或防

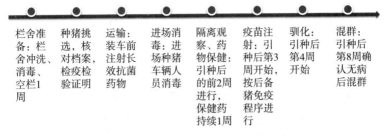

| 栏舍准备：栏舍冲洗、消毒、空栏1周 | 种猪挑选，核对档案，检疫检验证明 | 运输：装车前注射长效抗菌药物 | 进场消毒：进场种猪车辆人员消毒 | 隔离观察、药物保健：引种后的前2周进行，保健药持续1周 | 疫苗注射：引种后第3周开始，按后备猪免疫程序进行 | 驯化：引种后第4周开始 | 混群：引种后第8周确认无病后混群 |

图3-9 后备种猪引种流程

暑降温。备料要新鲜、适口性好，保持营养均衡。备好种猪途中和回场的消毒药、保健药、防疫用药、饮水用药及外用消炎药等。安装好药物保健水桶，并准备好相关保健药物。

2. 种猪挑选

挑选种猪应按图3-10进行选择。建议后备母猪最适的购买体重范围为60~80kg，年龄为130~140日龄。纯种的各品种（品系）头形、耳形、毛色应符合本品种（品系）特征。理想的后备猪选择见图3-11。对于某个血统少或现有种公猪采精质量不好的公猪，为保留该血统可适当降低选择标准和提前预留。对预留猪暂不进行转群，记住其耳号和圈号。

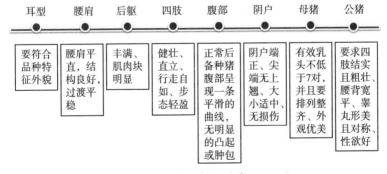

耳型	腰肩	后躯	四肢	腹部	阴户	母猪	公猪
要符合品种特征外貌	腰肩平直，结构良好，过渡平稳	丰满、肌肉块明显	健壮、直立、行走自如、步态轻盈	正常后备种猪腹部呈现一条平滑的曲线，无明显的凸起或肿包	阴户端正、尖端无上翘、大小适中、无损伤	有效乳头不低于7对，并且要排列整齐、外观优美	要求四肢结实且粗壮、腰背宽平、睾丸形美且对称、性欲好

图3-10 挑选种猪

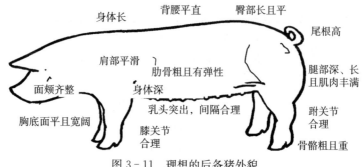

图 3-11　理想的后备猪外貌

3. 运输

避开高温、寒冷、大风等恶劣气候。冬季运输时，车内加垫草、盖篷布、防风雪，以免猪只感冒。夏季注意防暑，最好晚上装车，夜间运输。最好选择车况良好的专业运猪车辆，便于大小分群，避免挤压，使用前必须进行彻底消毒。选种前与种猪场人员协商，对要选猪群适当控料。为了安全、快速到达隔离舍，应选择高速公路，行驶过程平稳驾驶，避免急刹车。如果长距离引种，运输过程中每 2～3h 对猪只补一次水。运输前，根据猪只大小进行药物保健。长途运输应随车备有注射器及镇静、抗生素药物，停车时注意观察猪群情况，如有异常及时处理，减少应激。猪场人员应与运输人员做好沟通，确定到达时间。猪种到场后要先对种猪和车辆严格消毒后才能组织人员卸猪，每个接猪人也要严格消毒。卸猪时不要暴力对待猪只，防止损坏种猪肢蹄。

4. 种猪到场后处理

种猪经过长时间运输到达隔离舍后，会非常疲劳、虚弱、口渴甚至脱水，严重者全身颤抖乃至休克。到达猪场后要精心管理。后备母猪建议小群小栏饲喂，饲养密度根据猪只大小进行确定。环境安静、适宜，减少不必要的应激，先给种猪提供电解质饮水，休息 3～6h 后方可供给少量饲料，应避免暴饮暴食。第二天开始可逐渐增加饲喂量，5d后才能恢复正常饲喂量。若发现跛脚、受伤等异常猪只，应单独隔离。对猪只进行调教工作，做好躺卧区、采食区和排泄区定位工作。种猪到场后的前2周，由于疲劳加上环境的变化，机体对疫病的抵抗力会降低，饲养管理上应注意尽量减少应激，可在饲料中添加多种维生素等保健品，使种猪尽快恢复正常状态。

5. 隔离、驯化与发情配种

每个猪群，无论健康状况如何，都是病毒和细菌的携带体。因此需要对新引进的后备猪进行隔离与驯化，才能有效保证引进的后备猪与本场猪群的免疫水平达到一致。后备母猪隔离、驯化与发情配种要求见表3-3。

表3-3 后备母猪隔离、驯化与发情配种要求

阶段	项目	要 求
隔离 （2～3周）	密度	隔离时最少需1.5m²，配种时需2.0m²
	温度	饲喂在水泥地面时的最低临界温度为14℃，最适温度为18℃
	通风	在集约化条件下所需通风量每小时最低16m³，最高100m³
	饮水	新鲜清洁的饮水
	光照	250～300lx，光照16h，不足部分人工光照
驯化 （6～8周）	1～2周	粪便接触并选择健康老母猪混养（老母猪与后备母猪比例1：10），开始注射疫苗
	3～6周	本场育肥猪2～3周混养，做好种猪呼吸道疾病、弓形虫病、附红细胞体病等保健
发情鉴定与配种	查情	165日龄开始，用不同的公猪诱情，每天2次，每次15min，按压刺激母猪敏感部位
	记录	填好发情记录鉴定表，记录发情母猪的前3次发情时间，可分批次分情期饲养
	配种	在220～230日龄，体重大于130kg，第3次发情开始配种

（1）隔离期　隔离的目的是新引进种猪尽快适应本场的饲料、饮水、环境，同时避免其所带的微生物传染给本场猪群，保护本场猪群健康，降低疾病暴发的风险。隔离期应做好猪只与人员物品的隔离、病原评估和健康检查。做好生物安全，专人饲养，专物专用。人员与物品由脏区进入净区需要严格消毒。选择经验丰富、责任心强的员工进行日常饲养管理工作，提供舒适温暖的环境，以及新鲜的饲料和饮水。隔离期结束时，确保本场猪群和新进后备猪无异常，并做病原评估，检测无异常，可进入本场后备舍进行驯化工作。隔离期间如果有异常，需要及时上报并组织人员会诊。引入后备种猪根据日龄做好驱虫工作，一般引种后第 2 周、配种前 2 周做好体内和体外驱虫工作。两者同时进行，7d 为一个周期。

（2）驯化期　隔离观察期结束直到配种前为同化期，约 3 个月。同化的意思是将本场淘汰的健康母猪与后备猪群混合饲养，以达到同化后备母猪群的目的，也可将本场健康肉猪粪便放到引种的后备母猪舍内，连续 3d 时间也可达到同化的目的，方法见图 3 - 12。

①消化道同化适应：正常情况下，前两个月同化工作在隔离舍进行。先进行消化系统微生物群落的同化。隔离观察期结束后，猪群未出现重大疫情即可实施。上午催情时，将本场健康老母猪的粪便放入引进种猪舍的排粪区，让引进猪拱食。每栏约1kg，每天更换 1 次，持续两周。两周后，将健康老母猪粪便添加到引进种猪饲料中，拌匀，每头每天约 50g，至少持续 1 个月。为防止同化适应过度，可选用利高霉素药物进行投药，连用 5d。

②呼吸道同化适应：上呼吸道与体表微生物群落的同化，在引进后备母猪满 60d，猪群经初步同化又没有重大疫情即可实

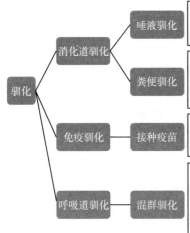

图 3-12　驯化方法

施，按 8~10 头引进后备母猪配置一头健康老母猪混群，鼻对鼻进行呼吸道接触，也可选择待淘汰的老公猪隔栏鼻对鼻进行呼吸道接触，不仅有助同化，还有助于引进种猪早发情。

③疫苗接种同化适应：疫苗接种同化是同化工作中极为重要的部分，主要针对致病性强的病种。

免疫病种的选择：种猪免疫的目的是保障母猪免受主要的繁殖障碍性疾病的侵害，发挥良好繁殖性能；保障新生仔猪吃到有相应良好母源抗体的初乳。引进后备种猪的消化系统、呼吸系统以及体表微生物群落长时间反复同化，已使其免疫系统时刻处于激发活跃状态，因此，选择免疫病种应是简约有效，避免给免疫系统增加不必要的负担。

免疫程序：对引进猪进行免疫接种可在进场后 4 个月内进行，即配种前完成所有疫苗接种，引进猪的系统免疫见表 3-4。若引进猪年龄稍大，会感觉到配种前难以完成免疫程序，那么可将接种间隔缩短至 7d，这样可以少用 1 个月完成上述接种程序，不会影响免疫效价。猪瘟、口蹄疫、伪狂犬病、细小病毒病为必须注射的疫苗，根据当地疫病流行情况有选择地注射萎缩性鼻炎、丹毒病、肺疫、喘气病、链球菌病等疫苗。后备猪易发的疫病为细小病毒病，一般要间隔 20d 连做 2 次免疫接种。春季做好乙脑疫苗的免疫，秋、冬季做好病毒性腹泻病疫苗的免疫。

表 3-4　引进猪的系统免疫

免疫内容	免疫时间	剂量
细小病毒病灭活疫苗	配种前 35d	2mL
	配种前 15d	2mL
猪瘟弱毒疫苗	配种前 15d	10 倍量
伪狂犬病基因缺失疫苗	配种前 30d	2 头份
口蹄疫灭活疫苗	配种前 15d	3mL
蓝耳病灭活疫苗	配种前 10d	4 头份
猪传染性胃肠炎/猪流行性腹泻灭活疫苗	配种前 45d	4mL

3 个月隔离舍饲养期满，猪群没有重大疫情方可转群与老母猪群混群饲养，但要注意混群比例，应为 3 头引进种猪配置一头老母猪，老母猪比例过大会破坏社群关系。

（3）健康评估　不论引进的后备猪是什么日龄，在与本场猪群混群前，需要对其进行健康评估。混群前 3 周需要进行全群采血，检查猪瘟、伪狂犬病、蓝耳病、圆环病毒病等疫病的抗体滴度，在猪群静态情况下，观察引进猪的呼吸频率和尾动脉的脉动情况。检查肝酶活性各项指标及红细胞上附红细胞体的感染情况，以找出肝脏损伤的原因。检查尿中的有机残渣，以确立霉菌毒素中毒的诊断依据。在与原有猪群合群并栏前应驱除体内外寄生虫，可适当用保健药和保肝解毒药。只有检测合格及临床健康的后备猪才能混群进入生产区，避免引入有风险的后备猪。

第二节　猪场建设

一、场址选定和布局

（一）场址选择

养猪场是生猪生产的主要场所，场址的选择直接影响生产效益及猪场的发展。养殖基础设施的建设必须远离居民区与水源地，并与交通要道保持一定的距离。圈舍的建设必须有良好的通风条件与光照条件，并保证充足的水、电供应，同时提高排污管道的通畅性。与此同时，养殖场的生活区与生产区必须合理布局。拟定地址后，做好环保、设计、质管、预算、材料等专业部门相关工艺参数，将投资猪场项目的有关材料备齐呈报给地方畜牧、国土、环保、供电、消防等有关部门审批。因此，场址选择主要考虑以下几个方面。

1. 合规性

场址的选择和布局应符合国家相关法律、法规的规定或要求，符合地方政府的土地发展规划政策，不涉及生态红线，应位于法律、法规明确规定的禁养区以外，禁止在旅游区、自然保护区、水源保护区和环境污染严重的地区建场。

2. 地形地势

（1）选择向阳避风、地势高燥、通风良好的地段，场址应位于居民区常年主导风向的下风向或侧风向。

（2）开阔整齐，有足够面积。猪场生产区面积可按母猪每头 $4.5 \sim 5.0 m^2$ 或上市育肥猪每头 $3 \sim 4 m^2$ 考虑；猪场生活区、生产管理区和隔离区需留有余地。

3. 水源水质

（1）配备专用深水井和蓄水池，水源充足，不易污染。猪场水源必须满足场区生活用水、猪只饮水和饲养管理用水（如清洗猪舍、清洗设施及用具等）的要求。对已初步确定的场址的水源要进行水质检测，只有水质合格，才能作为选定场址的条件之一。

（2）要便于取用和进行消毒。专用水塔及相关设施最好建在生产区和生活区交界处，如果在猪场范围以外才有水源条件，这个场址的选定要慎重，以放弃为宜。建场后，要实施定期消毒的措施，确保猪场饮用水的卫生和安全。

4. 社会条件

（1）保障电力供应，备用柴油发电机 猪场要由主干线供电，并在场内设置足够容量的独立的三相电变压器，并设置发电机组，防止因停电给猪场正常生产带来损失。

（2）交通便利 猪场要有自己的出场道路，并与1级、2级公路距离 300～500m，或与3级公路距离 150～200m 为宜。

（3）环保 要实施种养结合的循环经济，猪场周围最好有大片农田、果蔬基地，可以消纳猪场产生的粪肥。

（4）要与居民区或其他企业保持适当距离 猪场外围必须有 20～50m 宽的隔离带，与居民区的距离以 500～1 000m 为好。与其他企业应不少于150m，与其他畜牧场应不少于1 000m。

5. 其他

了解当地水文资料、地质构造，避免发生自然灾害。

（二）规划布局

规划布局是把猪场作为一个防疫整体，从整体上把控猪场的生物安全防控。养殖基地划分为缓冲区、隔离区、生活区、办公区、生产区、无害化处理区，每个区域之间有清晰的物理界限。并按常年主导风向，把最核心的生产区置于上风方向，依次形成一条生产流水线，合理布局，实行严格的综合管理。

（1）缓冲区　场区跟外界需有明显的界线，猪场四周设围墙，围墙外可种植防护林，从而采取全封闭式设计，以防止外界各种动物、人员、车辆携带病原进入猪场，要定期开展消毒、灭蚊鼠及防飞禽等工作。猪场围墙外 500m 设置一级缓冲区，围墙外 1km 设置为二级缓冲区。有条件的养殖场及一级缓冲区对外设置围墙和铁丝网的人工屏障与外界隔离。猪场 3km 范围内无其他猪场、屠宰场、动物隔离场、动物无害化处理场。

（2）隔离区　分为动物隔离区和人员隔离区。动物隔离区应设在生产区边界，与生产区和生活区的距离至少在 100m 以上，该区域是新引进猪、新发病隔离期猪群临时饲养的地方，包括隔离舍、粪污及病死猪处理点等。新引入猪只的隔离舍应处于病猪隔离舍的上风向且保持一定的距离，引入的猪只至少隔离观察30d。人员隔离区应设在靠近生活区处，是巡检、休假返场人员临时生活的地方，巡检、休假返场人员在隔离区隔离的时间应在48h 以上，其他场内人员不得进入。

（3）生活区　生活区是生产人员的生活场所，最好是一个独立的院区，其他人员不得随意进入，包括宿舍、食堂等。每周进行一次大扫除和一次雾化消毒，各房间一周需消毒两次，应在该区域配备专用垃圾箱，垃圾不得随意堆放，以防病原微生物的滋生。

（4）办公区　作为外界和生产区的缓冲区，办公区应设在猪场靠近大门处，是财务等行政人员的办公场所，其他人员未经允许不得随意进出，由财务人员定期进行消毒。包括场部办公室、接待室、饲料加工车间、电力供应设施、车库、大门消毒间与消毒池、洗澡更衣间等单元，该区紧靠生产区。饲料库靠近生产区道路，饲料由卸料库转运至各舍料库；消毒、更衣、洗澡间设在生产区大门的一侧，进入生产区的人员须经消毒、洗澡、更衣后方可进入。

（5）生产区　进行生猪养殖的区域，也是猪场占地面积最大的主体部分。通常种猪饲养区在上风向，育肥区处于下风向，顺序依次是公猪舍、分娩舍、配怀舍、保育舍、育肥舍、隔离舍和出猪台，依次从上风向往下风向分布，这样安排有利于生物安全的防控。猪舍朝向应兼顾通风与采光，舍间距应大于 8m，加大舍间距离可降低气溶胶感染的风险。猪舍建设材料符合环保要求，保温隔热性能良好，耐腐蚀、防火。生产区内的人员、物资、车辆不得与其他猪场交叉使用，且猪舍每周要定期进行喷雾消毒，消毒前要对猪舍进行打扫，以保证消毒效果；消毒时，道路、出猪台等地应作为消毒的重点区域。除消毒外，还需要定时对猪群进行采食与体温监控。对于体温和采食异常的猪只，治疗 1d 后体温仍高于 40℃的要进行采样检测，以确定是否感染非洲猪瘟。

（6）无害化处理区　设置独立的工作区，该区域要保持大门关闭状态，设立消防标志，猪场生产人员未经批准不能进入该区域。该区域中应配备焚烧炉、化尸池等病死猪无害化处理设施。病死动物进行无害化处理后，清洗、消毒设施周围、人员、车辆、沿途道路等。无害化处理人员返回养殖区域前也要经过严格的清洗、消毒方可入内。除各区域清洗、消毒之外，还需要定期对各个区域（特别是料线、水线、风机、地沟等位置）进行随机采样，检测非洲猪瘟核酸，检测结果为阳性的地方要立即采取应急处理预案。如果是生产区域，需要严密监测阳性区域的猪群健康，在必要的情况下立即采取部分清群措施；如果是非生产状态的栏舍或者区域则需要先清洗干净，然后用烧碱喷雾及火焰等进行消毒，再次采样检测，直到检测合格为止。

二、猪场建设

（一）猪舍外围建设

1. 围墙

猪场围墙是切断疫病传播途径的第一道防线，把受感染的猪、人、物、车等一起阻挡在猪场外。猪场建设至少设两道围墙。猪场外围墙底部应埋入地下 50cm，地面上有 60cm 高实心围墙，以便把野猪、流浪犬猫等阻挡在外。猪场外围墙周边铺 0.5m 以上宽的碎石子防鼠带。防鼠带可以保护墙脚裸露的土壤不被鼠类打洞营巢，同时也便于检查鼠情、放置毒饵和捕鼠器等。猪场外围墙周围，再铺设宽度在 1m 以上的水泥道路，并且定期消毒、巡查。有条件的猪场都要沿猪场外围墙安装视频监控，定期查看。定期清除围墙脚落的杂草、藤蔓植物等。内围墙为 2.5m 高实心围墙，墙体严密，没有排水管等任何漏洞，把猪舍、宿舍、仓库等全部围起来。

猪场围墙上的各类大门是实心大门，封堵所有大于 0.6cm 的缝隙，防止老鼠进入。围墙与大门之间连接紧密，能够有效阻止病毒经物理途径进入猪场。猪场围墙及各类大门应该表面光滑，便于洗消。在猪场外围墙和大门的明显位置张贴"防疫重地禁止入内"防疫警示标志。

2. 场内道路与排水

（1）净污道　场内净道与污道均要求水泥被覆硬化，达到防水、防滑的水平，利于全天候作业。生产区不设通往场外的道路；而生产管理区和隔离区设通往场外的道路，以利生产经营和卫生防疫的正常进行。

（2）雨污分流　猪场规划独立的雨水径流收集排放系统，实行雨、污分流。在道路的一侧或两侧设明沟排水，暗沟内设管道进行供水和排污。生产管理区排水系统不宜与生产区排水系统并联，以防场外污染物污染场内生产区。舍内与生产区排水系统连接处要设闸门，防止雨水倒灌进舍内。场内排污密封，严防泄漏而污染生产区其他地方。

3. 场区绿化

在猪场内植树，一般可以起到绿化、防风、防尘、防晒等作用。但猪场内树木容易招引鸟类。因此，为防控非洲猪瘟，在有效的非洲猪瘟疫苗上市之前，猪场内不宜植树。

（二）猪舍建设

1. 猪舍基础

埋置深度要根据猪舍的总负荷、地基承受力、地下水位及气候条件等确定。如猪舍的总负荷大而地基的承受力弱，可考虑在地基上设钢筋混凝土圈梁结构；如地下水位高或处于潮湿地带，要在地基顶部平面铺设沥青防潮层。

2. 猪舍屋顶

起到遮挡风雨和保温隔热作用，屋顶要求坚固，有一定承载能力，不漏水、不透风，同时还要有保温和隔热性能。推荐采用轻钢结构，屋顶采用彩钢聚苯乙烯泡沫夹芯板，一般要求彩钢板厚度为 0.4mm，夹芯板厚度南方为 100～120mm，北方为 120～150mm。猪舍屋檐后端离地高度要求：猪舍建在空旷地和建在一面靠山的高度应在 2.6m 以上，猪舍建在山顶的高度应在（2.4±0.2）m。

3. 猪舍门窗

供人、猪、手推车出入的平移拉门，一般高2.0～2.4m、宽1.2～1.5m；门外设消毒池和坡道，便于消毒和进入；窗户采用铝合金框内的双层中空玻璃样式，其玻璃厚为4mm，中空距离为12mm，具有保温效果。

4. 栏舍地面

要求地面不积水、无坑洼，不能凹凸不平，但又不能过于光滑。栏舍地面包括漏缝式粪便处理和坡式地面。漏缝式粪便处理方式要求漏空面积占栏舍面积的1/4，不同猪群漏缝地板设施见表3-5；坡式地面从栏门侧到排粪沟侧要有一定的坡度，便于粪尿排出，一般斜度以3°～5°为宜，但靠门一侧地面要比靠后墙地面平，便于猪只靠门睡觉。

表3-5　不同猪群漏缝地板设施

猪群	水泥漏缝地板规格（mm）	板条宽（mm）	缝隙宽（mm）
种公猪	600×600	36	25
后备种公猪	600×600	36	25
后备母猪	600×600	36	25
空怀母猪	600×600	36	25
妊娠中后期母猪	600×600	36	25
妊娠前期母猪	1 100×600	120	25
哺乳母猪	600×300	11	10
保育仔猪	700×600	15	13
育成、育肥猪	600×600	36	25

5. 栏墙设计

相邻两栏的隔栏为实体墙或密封板，以防相邻两栏猪接触性疫病的传播。种公猪、后备种公猪每栏一头，平均面积为 7～9m²，栏栅高为 1.2～1.4m，栏门必须是金属的，栏格间距为 0.12m，便于生产管理；后备母猪、空怀母猪采用限饲群养方式，每栏 4～5 头，每头占舍面积为 2.5～3.5m²；妊娠母猪栏栅长 2.0m、宽 0.65m、高 1.0m，栏栅为金属结构；哺乳母猪限位栏规格为 2.4m×1.8m，栏栅两侧每隔 30cm，有一防压弧脚，限位栏后部开门供母猪上产床用，其前部安装食槽和饮水器，打开卡口，也是母猪下产床的通道；保育舍栏栅规格视猪舍面积而不同，一般栏长 2.2m、宽 1.8m、高 0.6m，栏格间距为 0.055m，离地面 30cm，每栏可饲养 25kg 左右的仔猪 10～12 头。采用组合床，规格为长 2.2～2.4m、宽 3.8～4.0m。

6. 漏缝地板

使用漏缝地板易于粪尿清除，保持栏内清洁，减少工人劳动量等。结合猪只的大小等来挑选水泥板、铸铁板、复合材料板的配套安装。漏缝地板要求耐腐、坚固不走形、光滑、不卡蹄、便于冲洗、环保。一般水泥板、铸铁板多用于大猪，复合材料板多用于小猪。漏缝地板规格见表 3-6。

表 3-6　漏缝地板规格

规格	板条最小宽度（mm）	缝隙最大宽度（mm）
哺乳仔猪	10	11
保育猪	10	14
育肥猪	80	18
母猪	80	20

注：漏缝地板离地面的高度以 50cm 以上为宜。

7. 料槽

成年猪料槽高度为 18cm 左右为宜，料槽的每个槽位一般宽

30cm左右；料槽结构为半弧形，内面光滑，料槽底侧留有排水孔，便于清洗。为完善生物安全防控，料槽不能使用一列到头的通贯槽，建议改成每5个猪栏共同使用隔断料槽，也可以设置成每头猪单独的料槽。

8. 饮水系统

（1）饮水器类型　舍内饮水器有饮水槽、鸭嘴式饮水器、不锈钢饮水碗、气压式自动饮水碗等。最适合猪饮水习惯的是饮水槽，但由于饲料残留，容易二次污染，现很少用。鸭嘴式饮水器体积小、成本低、安装方便，但易受水压影响。不锈钢饮水碗采用乳头式饮水器与盛水碗组合而成，能防止漏水，达到饮污分流，虽价格稍贵，已逐步得到推广。气压式自动饮水碗符合猪的饮水习惯，节水效果好，现已在产床上应用。在大栏群养时，需在两端焊接两根U形镀锌管，以免猪只排泄粪便到饮水碗中。

（2）饮水器安装　根据猪群类别不同，安装合适的高度和水流速度，见表3-7。每8～10头猪需配置一个饮水器。生长育肥猪舍一般设置高、低2个，高者距离地面40cm左右，低者距离地面30cm左右，2个饮水器之间水平距离为40cm左右。

表3-7　各种猪群适合的饮水器安装高度和水流速度

猪群类别	安装高度（cm）	水流速度（mL/min）
成年公猪	60	1 500～2 000
妊娠母猪	60	1 500～2 000
哺乳母猪	60	2 000～2 500
哺乳仔猪	12	300～800
保育仔猪	28	800～1 300
生长育肥猪	38	1 300～1 500

（3）供水管道　从水塔到每栋猪舍之间安装一级水管，要求水流量大，因此一级水管需要足够大的管径，埋入地下，可选PVC材质。每栋猪舍到每个栏圈安装二级水管，最好也埋入地下，选择PVC材质。每个栏圈到每个饮水器的水管为三级水管，管径一般采用DN15镀锌管，并采用套丝机两端套丝，用于安装各种饮水器。

（4）安装加药桶　为了方便加药，每栋猪舍及分单元饲养的产房、保育舍等猪舍均要求安装单独的加药桶。有条件的也可在每栋猪舍的二级水管上安装全自动加药器。

9. 供暖设施

俗话说控制了温度就控制了猪群。猪体表温度为35℃。猪群75%的时间是躺卧休息，腹部受凉直接影响胃肠消化和免疫功能，地面温度为18℃左右为宜。供暖设施主要有空气加热、地暖加热、冷热床、电热板、保温灯等。

10. 通风降温设施

每个单元猪舍宜改造为独立通风，不同单元猪舍内粪尿沟也应不相通。通风降温设施主要有负压湿帘降温设施、正压冷风降温通风设施。

（1）负压湿帘降温设施　目前应用最好的降温通风系统，生产应用最多。采用单向纵向通风方案，即湿帘和风机分别安装于猪舍长轴两端的山墙上，一端为进风洁净区，另一端为排风污染区。安装湿帘时，窗4个，面积1.2m×1.2m，湿帘2个，面积为4.5m×1.8m；选择湿帘纸时，长江以北为120mm厚，长江以南为150mm厚。安装风机的山墙上，在其中心处平行安装2台1 400型风机，即可完成负压湿帘降温通风的需求。

（2）正压冷风降温通风设施　①垂直通风设施：适于全封闭猪舍，实行单向垂直通风换气。新鲜空气从天花板不断进入猪舍，浑浊气体通过漏缝地板及粪尿沟排出猪舍。通过电脑自动控制调节风扇风速和风量来保证猪舍温度的稳定，此系统硬件设施投资大。②正压降温通风设施：空气先经湿帘制冷后，再用风机吹入猪舍。

（三）消毒设施设备

1. 人员洗消隔离设施

为规范人员流动，猪场必须建有人员淋浴房、人员隔离宿舍，人员进入猪场要严格执行人员洗消和隔离的生物安全管理规定。

（1）人员淋浴房　人员生物安全管控实行的是人员三级洗消管理制度。在跨越猪场第一道外围墙、跨越猪场生活区内围墙，以及生产区围墙的位置，都需要设立人员淋浴房。脏区、灰区、净区界限明显，不同区域之间有相应的起物理隔离作用的隔离条凳。单向流动，只有通过淋浴间才能进入净区。

具体可以设计布局以下区域：走道用于更换洗澡专用拖鞋；更衣室1用于脱掉非生产区专用工作服，然后进入消毒洗澡间消毒洗澡；喷雾与洗澡间设立门禁，按开关进入后，喷消毒药约30s，洗澡清洗5~8min；更衣室2用于洗澡出来后，换上场内生产区工作服；换鞋区脱掉浴室拖鞋，换上生产区专用水鞋；洗衣房分衣服消毒池、洗衣机及烘干房，衣服消毒池用于将更换下来的工作服进行浸泡消毒，工作服浸泡在消毒液12h后，用洗衣机清洗干净，清洗好的衣服可放进烘干房烘干，然后拿出来放在个人衣柜内，更衣室均配备单独的衣柜，用于存放衣服。冬天可考虑对消毒液进行加热处理。

（2）人员隔离宿舍　人员隔离宿舍是人员隔离的配套设施，作用是将在猪场外摄入的有可能携带病毒的食物彻底排出体外。

返场人员经过淋浴消毒后，应先进入人员隔离宿舍，隔离48h，隔离期间的生活起居、洗漱用餐、娱乐健身等均需在隔离宿舍内进行，不得离开人员隔离宿舍房间，以便将在猪场外摄入的有可能携带病毒的食物彻底排出体外。

人员隔离宿舍的位置相对独立，房间内生活设施齐备、基本生活用品齐全且能满足48~72h隔离期间使用，安排人员每天按时送饭菜、收餐余。人员隔离宿舍的工作人员要确保隔离宿舍内的环境、设施及生活用品均经过彻底洗消。在返场人员隔离期间，工作人员不能进入隔离宿舍清洁打扫；等人员隔离完毕，离开隔离宿舍以后，工作人员再进入隔离宿舍进行彻底洗消。

（3）进猪舍前的人员洗消室　进猪舍前的人员淋浴间位于猪场生产区里面、猪舍的入口处。已进入生产区的工作人员，在进入自己专管的猪舍前，应该彻底洗手、换工作服、换靴子、鞋底消毒。在猪场生产区内的工作人员不可以串舍，人员定舍定岗，工具专舍专用。

2. 物资洗消传送设施

所有物资在进入猪场内部生活区和生产区之前都要执行严格的生物安全操作程序。需要进入猪场的物资主要分为以下几类：生活用品、生产用品、饲料、食品。物资洗消室、物资中转站、食物传递窗是猪场物资洗消与传送的重要生物安全设施。

（1）物资洗消室　物资洗消室一般跨猪场围墙而建，是物资进入猪场围墙的唯一通道。设有入口、出口两扇门，入口位于猪场围墙外，出口位于猪场围墙内，中间放置镂空的消毒货架，以区分物资洗消室的脏区与净区。物资洗消室主要包括以下几部分：入口、鞋底消毒池、清洗池、液体消毒池、气体消毒架、出口。

物资洗消室要求密闭性良好，可以根据需要进行熏蒸消毒，也可以在置物架的上、中、下三个部位布控紫外灯进行紫外消毒，或者进行喷雾消毒，能加温消毒的物资也可以采用高温消毒。不同区域之间必须有严格的物理隔绝设施，消毒货架的两端靠墙，以便将物资洗消室的净区与脏区彻底分开；物资必须通过消毒架消毒后才能进入净区；无论是浸泡消毒，还是熏蒸消毒，都要保证足够的消毒时间。

（2）物资中转站 物资中转站建在离猪场 1～3km 的地方，减少外来车辆、物资将病毒带入猪场的风险。物资中转站由围墙、大门、外部车辆停靠点、物资洗消室、物资仓库、物资中转车停靠点、人员洗消室组成。物资中转站最好修建实体围墙，墙体无孔洞，墙脚有防鼠沟及防鼠带。实体大门平时关闭，大门处设有车辆消毒池。外来车辆停靠点地要设置车辆消毒池。物资中转站的物资洗消室、人员洗消室的设置与猪场的物资洗消室、人员洗消室的设置相同。

物资中转车是猪场内部的车辆。物资中转车在物资中转站装上已经消毒好的物资，行驶到猪场卸载物资。外部车辆指外来运送物资的车辆或者猪场自己负责外部采购的车辆。外部车辆停靠在物资中转站围墙外的物资消毒室的入口处，将外来物资卸入物资消毒室洗消。

（3）食物传递窗 为减少食物原材料传播病毒的风险，有条件的养殖场厨房不设在猪场生活区，而在隔离区，通过食物传递窗传递。生产区人员在食堂用餐后，将餐具和厨余通过食物传递窗传递回内部生活区。食物传递窗由箱体、高温消毒设施、双开开门组成。双门互为连锁，不能同时打开，设有电子或机械连锁装置，有效阻止交叉污染，并有定时定温消毒程序。

3. 车辆洗消设施

车辆洗消是切断疫病传播的有效途径，目前，多采用车辆三级洗消。①在距离猪场3~5km处设立车辆第一级洗消点,对车辆内外进行一般性清洗;②在距离猪场2~3km处设立车辆第二级洗消点,即洗消中心,对车辆进行洗消及烘干,对人员进行洗消,并且经非洲猪瘟病毒检测合格;③在猪场大门口设立车辆第三级洗消点,设置车辆消毒通道和车辆消毒池,对车辆进行第三次洗消。其中,车辆二级洗消点(即洗消中心)最为重要,车辆和人员都要经过清洗、消毒和检测。

(1)洗消中心 车辆洗消中心承担着对运输车辆及人员、物品进行清洗、消毒、烘干的功能,提高了猪场的"运输安全系数",把病毒消灭在猪场大门之外。

①选址:应在离猪场2~3km的附近区域,与其他动物养殖场的距离最好保持在500m以上,远离屠宰场和其他猪场,位于猪场常年主导风向的下风处。用地面积约1hm²左右,尽可能靠近管道燃气站或输送管线附近,有燃气条件洗消中心运营成本较低,没有燃气条件时采用燃油作为能源。洗消中心要选在交通便利的地方,须配备380V电源;洗消中心用水量较大,水量应充足,水质良好。

②规划布局:洗消中心包括围墙或者栅栏、入口大门、车辆清扫区、车辆洗消区、车辆烘干区、车辆烘干后停放区、人员洗消区、检测室、出口大门功能区。在洗消中心的设计布局及日常管理上,一定要保证进入洗消中心的车辆和人员从脏区向净区单向流动,以确保洗消过程完整、有效。

③建设要求:洗消中心要具备冬季保温、防冻、防腐蚀功能,分为车辆洗消区、烘干区、人员洗消区。在车辆洗消中心设立1个监测实验室,对水质、消毒剂等洗消工具进行检测,同时监测评估消毒效果。

车辆洗消区:分为预处理区、清洗区和高温杀毒区3个区域，预处理区功能单元包括车辆洗消中心入口、值班室、物品消毒通道、人员消毒通道、动力站、硬化路面、污区停车场等。清洗区功能单元包括司乘人员休息室、洗车房、硬化路面、废水处理区、衣物清洗干燥间及停车沥水区等。清洗区设备设施配备热水高压清洗消毒机、清洗平台、沥水台、底盘清洗机、清洗吹风机、真空吸尘器、臭氧消毒机、洗衣机等。清洗车间内置防腐铝塑板或其他耐腐蚀材料，设置清洗斜坡（5°坡度）便于车厢内部排水。按照服务猪场的每天最大车流量来评估和核算车辆洗消中心洗车房的通道数量，设计单通道、双通道（同时清洗2辆车）或多通道。单通道洗车房内部尺寸为18m×7m×6m（长×宽×高），多通道根据通道数量按比例增加洗车房的宽度。高温杀毒区功能单元包括烘干房、物品消毒通道、人员消毒通道、动力站、硬化路面、净区停车场、车辆洗消中心出口和监测实验室等。

烘干房：烘干车间要做好保温及密封，保证高效烘干。烘干车间两侧建耳房，便于热风流通循环。单通道烘干站内部净尺寸20m×6m×5m，多通道根据宽度按比例相应增加。高温杀毒区应配备大风量热风机、热水高压清洗消毒机、液压升降平台、循环风机、臭氧消毒机、检测仪器设备等设备设施。有燃气条件选购燃气热风机，没有燃气条件可以选购大风量燃油热风机。

人员洗消区：包括值班室、工具房、卫生间、更衣室、淋浴间、换衣室、鞋底消毒池、休息室。人员洗消区的设计和布局与猪场人员洗消室要求一致。

④工作流程：洗消站的工作流程是：预约登记→车辆驶入→车辆清扫→车辆及人员洗消→车辆烘干→检验合格→车辆放行。车辆洗消的流程是：驾驶室洗消→预冲洗→泡沫消毒剂喷洒→精冲洗→风干→喷雾消毒→烘干。

（2）猪场大门的车辆消毒通道和车辆消毒池　车辆在猪场大门口进行最后一次洗消。车辆消毒通道可以采用静态360°车辆消毒系统，也可以人工喷洒消毒，对车辆的外表和底盘进行喷雾消毒。车辆消毒池对车辆的轮胎进行浸泡消毒，人员不下车。车辆消毒池的尺寸要根据车辆宽窄、底盘高矮、轮胎周长等设计，长、宽、高分别为大车车轮周长一周半（即4m）、与大门同宽、橡胶轮胎的高度（即0.3m），并在上方建立遮雨棚，也可以在两边设置空中通道，便于人工对车辆外表喷洒消毒剂。消毒剂以醛类和碘制剂为宜。每周更换1次消毒液（场内与场外严格分开，物品进出有专门的通道）。

（四）隔离转移设施

1. 进猪台

当前有条件的育肥猪场均采用全进全出的饲养方式。在引进保育猪或外购苗猪时，须使用进猪台来保证进猪环节的生物安全。

进猪台包括：进猪口、进猪通道、进猪缓冲舍。进猪口位于猪场最外层围墙上；进猪通道是一端固定，另一端可以液压升降、伸缩的通道；进猪通道的固定端固定在进猪缓冲舍上，可升降、伸缩的一端正对进猪口。进猪台要求设计合理，便于清洗消毒。

2. 隔离场

对种猪场或者自繁自养场而言，外部引种是生物安全的重要风险点之一，隔离场是猪场外部引种的重要生物安全设施。建隔离场的目的是将引进种猪在离生产区较远的地方饲养6～8周，进行隔离和驯化。隔离是为了监测新进种猪的健康情况，避免将外来病原带入生产区；驯化是让新进种猪逐步适应本场的微生物环境。

隔离场要求建在生产区的下风向，距离生产区至少500m的地方。隔离场要求配备单独的工作人员，隔离场的人员、设备、宿舍等不能与生产区混用。隔离场内可建几栋隔离猪舍，每栋隔离舍采取全进全出制。

3. 出猪台

出猪台是生产区猪出栏的唯一出口，最好在距离生产区较远处建立出猪中转站，出猪时除对外来装猪车辆消毒外，赶至出猪中转站或出猪台的猪必须全部出场不能返回猪场。

（1）出猪台设计和规划

①出猪台：一般含有中转栏、磅秤、存猪栏，中转栏与赶猪通道相连，存猪栏与装猪台相连。售猪时，猪只只能按照中转栏→磅秤→存猪栏单向流动。赶猪通道和中转栏属于完全洁净区，磅秤属于部分洁净区/污染区，而存猪栏和装猪台则属于污染区。生产区工作人员禁止进入污染区。出猪台的设计不能出现冲洗污水又回流到出猪台的情况。出猪台每次使用后应及时彻底冲洗消毒。建造防鸟网和防鼠措施。

②出猪台角度：由于出猪台需要连接运猪车与地面，因此出猪台坡度要≤20°，让猪缓慢自行上下车，便于转移运输，避免摔伤。

③出猪台位置：出猪台应该建造在生产区育肥舍的一角，且处于猪舍下风口；必须远离猪舍猪群，防止交叉感染。

（2）出猪台的类型

①普通水泥出猪台：单层上猪台，90cm高，通道宽0.5m。若为大车装运猪，则建议建设2～3层水泥砖台，第一层1.2m高，第二层1.8m高，第三层2.4m高，跑道宽0.5m。出猪台坡度不大于20°。此种出猪台结构简单，适合于中小规模猪场使

用，但不能灵活适用于各种高度运猪车。

②斜坡式出猪台：操作原理为一端升起另一端为轴点与猪圈月台水平，升起端与运猪车对接根据车上圈架高度而变化。台面尺寸一般长 6.5～8.5m、宽 1.5m、升起高度 3m。出猪台坡度不大于 20°。主要用于规模猪场、肉联厂、生猪交易市场等场所，移动不方便，但生产效率高。

4. 出猪中转站

出猪中转站可以杜绝外来运猪车辆接触猪场的机会，降低猪场出猪环节的生物安全风险。出猪中转站建在距离猪场 1～3km 的地方，猪场用自己内部的中转车辆将猪只运到出猪中转站，通过转猪台将猪转运到买猪的车辆上。

出猪中转站由中转车停靠点、转猪台、外来购猪车停靠点三部分组成。中转车是猪场自己的车辆，在猪场外墙的出猪口处装上预售的猪只，行驶到出猪中转站，停靠在出猪中转站的净区，车厢开口与转猪台的净端相连。转猪台是连接中转车与外部购猪车辆的装置，转猪台可以是实体猪台加升降猪台组合而成，也可以是移动式的升降猪台。移动式的升降猪台应有轮子和固定脚。转猪台的左右两侧均设有出口，一侧为净端出口，对接猪场自己的中转车；另一侧为脏端出口，对接外来购猪车。转猪台的两侧均设有隔离栅栏，以便将中转车与外来购猪车的人员、车辆、物品、行驶道路彻底分隔开。转猪台有一定的面积，可以容纳一定数量的猪只和赶猪的工作人员。外来购猪车是前来买猪的客户车辆，行驶到出猪中转站，停靠在出猪中转站的脏区，车厢开口与转猪台的脏端相连。

5. 猪舍桥廊连接

猪舍与猪舍之间的连接应该考虑成猪舍的一部分，设置有效的物理隔离将猪场生产区内部进行有效分区，降低病原在猪场内的传播风险。

6. 弱猪、异常猪、病死猪处理设施

随时观察猪只健康情况，发现有异常时及时处理。如果怀疑或已确诊猪只得了传染病，且没有继续饲养价值的，建议直接作为病死猪处理；如果得了非传染病的猪，有治疗价值的，转移到同舍内的异常猪隔离圈治疗及饲养；如果只是生存能力较弱的猪，转移到同舍内的弱猪护理圈单独护理。不建议猪场在生产区设立病猪隔离舍。

（1）弱猪护理圈 弱猪不是生病的猪，是指整个猪群中活力相对较弱、竞争力相对较差的猪。建议每栋猪舍在环境较好的区域（上风区或者中部），设有单独的弱猪护理圈，把这部分弱猪与其他强势猪群隔离开，单独一个圈饲养，给予更多护理，减少经济损失。弱猪护理圈两侧的猪栏连接最好采用实体隔板，或者在弱猪护理圈两侧留有空栏，进行物理隔离，使得弱猪护理圈的周围环境相对单一。弱猪护理圈里的饲养密度可以比其他正常圈稍微小一些，以利于弱猪生长。

（2）病猪隔离圈 病猪指确定生病，但得的不是传染病，只是个别少量的猪发病，有治疗价值的猪。建议每栋猪舍在下风口（负压风机的近端或者正压风机的远端）或者在靠近脏区的一端设立病猪隔离圈。在异常猪隔离圈中经过治疗康复的猪只，不建议转回原来的圈舍或者普通的育肥圈混群，建议康复后一直相对独立饲养，直至出栏。

（3）病死猪处理设施 对于异常死亡或者确定得了传染病的猪只，会威胁到其他猪的健康，应立即按照病死猪进行无害化处理。为了保障大环境的安全，建议有条件的猪场在生产区下风向的一个角落，建立病死猪无害化处理中心，以便及时处理本场的病死猪，应建实体围墙将猪场无害化处理中心完全隔离，猪场病

111

死猪无害化处理方式建议采用焚烧法或高温生物发酵法。目前多数猪场病死猪处理采用的是高温生物发酵法。高温生物发酵法采用高温生物降解技术处理病死猪，将病死猪携带的病原杀死，将尸体转化成有机肥。猪场可根据自身规模购置适宜规格的专用高温生物发酵设备。

高温生物发酵法的操作过程是将病死猪添加到可密闭的料槽内，动刀转动，在动刀和定刀的共同作用下，将病死猪进行切割、粉碎。在切割粉碎的过程中，由加热管加热导热油（设定油温150℃），对病死猪进行高温灭菌，同时添加生物降解菌种和辅料（粗糠粉或植物秸秆）发酵降解。通过分切、绞碎、发酵、杀菌、干燥五道工序，进行全自动化的处理，及时高效分解病死猪和相关动物产品，处理后的产物为较为干燥疏松的有机肥。对有机肥进行二次发酵，有效分解油脂和蛋白质。高温生物发酵法的处理过程环保。整个处理过程无烟、无臭、无废水、无废油，实现病死猪和相关动物产品的无害化处理与资源化利用。

需将病死猪送到无害化处理场进行集中处理的猪场，应在离场区500m以上的地方建立一个本猪场专用的无害化处理移交点。无害化处理移交点的使用流程是，首先猪场将病死猪严密包裹后，由专人、专车、走专用道路运送至本猪场专用的无害化处理移交点，沿途不得撒漏，并且不能与外来无害化处理车辆和人员接触；然后，无害化处理场的车辆或者其他外部车辆，来到无害化处理移交点将病死猪收走。如果病死猪不能被及时收走，应将病死猪暂存在冷冻柜或冷冻库中。

（五）饲料中转中心

饲料是猪场用量最大的物资。但饲料在加工、运输及转移的过程中，原料、饲料外包装、饲料车都容易将病毒带入猪场。为了解决这个问题，建议从经检验合格的正规饲料厂家购买饲料，以保证原料和饲料本身没有被非洲猪瘟病毒污染；在猪场内部使用中转料塔，降低饲料运输过程中传播非洲猪瘟病毒的风险。

饲料中转塔集中建在猪场外围墙内侧，外来料车与饲料中转中心通过实体围墙隔离。料车经过洗消后，停靠在猪场外围墙外侧猪场指定的打料车停靠处，直接将饲料打入饲料中转塔中。然后，再将饲料按配比需要打入到猪场生产区内各猪舍旁的料塔中。饲料在中转中心贮存24h并抽样检测阴性后分送至场内各猪舍料塔。

饲料中转塔要求密闭性好，防止饲料变质，防鼠、鸟、虫、蚁。饲料中转塔及传输管路的材料无毒、无污染、耐高温、耐腐蚀、内壁光滑、卸料无残留，材料透光或有透明窗设计，便于观察饲料中转塔内的饲料储量。饲料中转塔的容量要适中，既能满足猪场一段时间内对饲料的需求，又要保证饲料能够在其保质期内发生霉变之前使用完毕。饲料中转塔最好加顶，防止夏天高温曝晒。

没有建立饲料中转塔的猪场，袋装饲料需要先在物资中转站进行外包装洗消，经非洲猪瘟病毒检测合格后，才可以用猪场中转车辆运输到猪场，然后再次在物资洗消室进行外包装洗消，用猪场内饲料专用转运车运送到各猪舍使用。运输过程中，车辆、人员、路线、操作流程都要严格遵守猪场生物安全管理规定。

第三节　生产工艺

根据猪不同阶段的生理特点，实行集中饲养、分阶段管理，按照一定的周期进行全进全出、均衡、批量、高效率生产。

一、流水式生产线

流水式生产线是从猪的配种、妊娠、保育、生长育肥及销售形成一条龙的流水作业，各阶段都有计划、有节奏地进行（图3-13）。工艺阶段间紧密结合，一环扣一环，均衡进行。

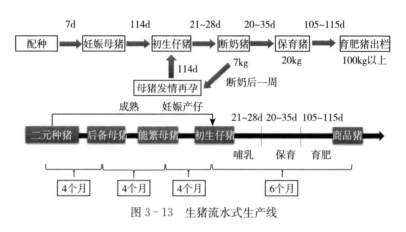

图3-13　生猪流水式生产线

（一）三段饲养工艺流程

三段法流程为空怀及妊娠期→哺乳期→生长育肥期。

1. 配种妊娠阶段

此阶段母猪要完成配种并度过妊娠期。配种约1周，妊娠期16.5周，母猪产前提前1周进入产房。母猪在配种妊娠舍饲养16～17周。

2. 产仔哺乳阶段

同一周配种妊娠的母猪，要按预产期最早的母猪提前1周同批进入产房，在此阶段要完成分娩和对仔猪的哺育，哺乳期为3～5周，母猪在产房饲养4～6周，断奶后仔猪转入下一阶段饲养，母猪回到空怀母猪舍进入下一个繁殖周期的配种。

3. 生长育肥阶段

仔猪断奶后，同批转入生长育肥舍，共饲养 20～21 周。

三段饲养二次转群是较为简单的工艺流程，它适用于规模较小的猪场，其特点是简单、转群次数少。由于猪舍类型少，节约维修费用，还可以重点采取措施，例如做好哺乳与育肥期的环境控制，以满足仔猪生长的适宜条件，提高成活率和生长速度。

（二）四段饲养工艺流程

四段法和三段法的不同之处是增加了仔猪保育。流程为空怀及妊娠期→哺乳期→仔猪保育期→生长育肥期。

仔猪保育期：仔猪断奶后，同批转入仔猪保育舍，这时仔猪已对外界环境条件有了一定的适应能力，在保育舍饲养 5～6 周，体重达 20kg 以上，再共同转入育肥舍进行生长育肥。

生长育肥阶段：由仔猪保育舍转入生长育肥舍的所有猪只，按生长育肥猪的饲养管理要求饲养，共饲养 15 周。

四段生产工艺有 3 次转群，其特点：①因猪群数量少，减少了猪舍修建种类和猪舍维修费用；②工艺环节少，便于操作管理；③转群次数少，减少了转群应激和工作量；④母猪产仔哺乳舍与仔猪保育舍相毗邻，便于调群和保暖设备统一安装。

（三）五段饲养工艺流程

五段法和四段法不同之处，是把商品猪分成育成和育肥两个阶段，根据其对饲料和环境条件的要求不同，最大可能地满足其生长需要，充分发挥其生产潜力，提高养猪效率。但与四阶段比较，增加了一次转群负担和猪群应激。流程为空怀及妊娠期→哺乳期→仔猪保育期→育成期→育肥期。

五阶段生产有 4 次转群，仔猪 28 日龄断奶体重达 7～8kg，转入断奶仔猪保育舍饲养 45d，体重达 18～20kg，转入育成猪舍饲养 50d，体重达 50～60kg，转入肥育猪舍饲养 60d，达到出栏体重后上市。这种工艺的优点是能使断奶母猪短期内恢复体况、发情集中，便于发情鉴定，容易做到适时配种。

（四）六段饲养工艺流程

根据猪只生理特点，专业分工更细，在五段法的基础上，又把空怀与妊娠母猪分开，单独组群，利于配种，提高繁殖效率。这种饲养工艺适合大型猪场，便于实施全进全出的流水式作业。另外，断奶母猪复膘快、发情集中、易于配种；猪只生长快、养猪效率高。但六段法的转群次数较多，增加了劳动量和猪只应激反应。流程为空怀期→妊娠期→哺乳期→仔猪保育期→育成期→育肥期。

六阶段饲养的优点是：①断奶母猪复膘快，发情集中，便于发情鉴定，易于掌握适时配种；②猪只生长迅速，中猪生长阶段不会因条件变化而生长受阻；③便于猪群全进全出，利于防疫保健。但六阶段的转群次数较多，增加了劳动量，同时还增加了猪只应激反应的概率。

二、全进全出制

现代化养猪生产按繁殖过程将猪群分为公猪群、繁殖母猪群、仔猪保育群和生长育肥群，实行全进全出制、按节律全年均衡生产。全进全出制度是指同一批猪群同时转入、同时转出，按节律转群进行生产，全年不分季节均衡生产。

（一）确定饲养模式

确定养猪的饲养模式主要考虑猪场的性质、规模、养猪技术水平等。按照猪的生产发育阶段或生产目的划分为若干饲养阶段，每个饲养阶段确定合适的饲养方式、饲喂方式、饮水方式、清粪方式等。经过一段特定时间后调入下一阶段饲养，由此流水式生产。同一目的、同一圈舍可以饲喂两类猪群，可以采用公猪和待配母猪同舍饲养。母猪可以定位饲养，也可以小群饲养。

（二）确定生产节拍

生产节拍是指相邻两群泌乳母猪转群的时间间隔。在一定时间内对一群母猪进行人工授精或组织自然交配，使其受胎后及时组成一定规模的生产群，以保证分娩后形成确定规模的泌乳母猪群，并获得规定数量的仔猪。生产节拍一般采用 1、2、3、4、7 或 10 日制，根据猪场规模而定。

（三）确定工艺参数

根据各场猪群的遗传基础、生产水平、技术力量、经营水平和历年生产记录资料等，计算各时期各生产群的数量和存栏数。采用先进饲养工艺和技术，其设计的生产性能参数一般选择为：平均每头母猪年生产 2.2 窝，提供 20 头以上肉猪，母猪利用期平均为 3 年，年淘汰更新率 30％左右。肉猪达 90～100kg 体重时为 161 日龄左右（23 周龄）。肉猪一般屠宰率为 75％，胴体瘦肉率为 65％。

（四）合理的猪群结构

一个合理的种猪群年龄结构应该是以中年猪为主体，老中青相结合，这样才能更好地完成生产定额，实现满负荷生产。种猪年龄普遍偏老或偏小都不利于生产水平的稳定发挥。猪群年龄结构见表 3-8。

表 3-8　猪群年龄结构

类别	比例（%）
后备母猪	17
1～2 胎母猪	31
3～4 胎母猪	25
5～6 胎母猪	17
7～10 胎母猪	10

（五）各类生产群的存栏猪

流水式和节律性生产猪肉是以最大限度地利用猪舍、猪群和设备为原则的，所以首先要精确计算猪群规模和栏位需要量。种猪群体数量的计算：

生产母猪数量＝年产量÷每头母猪年产仔胎数÷每胎平均产活仔数量÷乳猪成活率÷仔猪育成率。

以年产量 10 000 头猪为例。

万头猪场生产母猪数量为：$10\ 000 \div 2.1 \div 9.0 \div 92 \div 98 = 600$ 头。

以上计算参数的选择是留有一定余地的。生产公猪按公母比 1：25 计算，即一个万头猪场的生产公猪为 24 头。

各种猪栏数量的计算：

（1）公猪栏　按生产公猪实数即 24 个栏。

后备公猪＝公猪头数×年更新率＝$24 \times 33\% = 8$ 头

（2）单体母猪栏

总生产母猪－分娩舍母猪数＝$600 - (24 \times 5) = 480$ 头。

后备母猪头数＝年总母猪头数×年更新率＝$600 \times 33\% = 198$ 头。

一个万头猪场一般设计 8～10 个后备母猪栏。

（3）分娩栏 根据饲养工艺妊娠母猪将于产前 1 周进入分娩舍，哺乳 4 周断奶后，分娩栏进行彻底清洁消毒，空栏 1 周，所以分娩栏应按 6 周栏数计算：

总栏数＝每周分娩头数×6＝24×6＝144 个

（4）保育栏 保育栏通常是两窝一栏，保育期饲养 5 周，同样留 1 周清洁消毒和空栏。

保育栏数＝每周分娩头数÷2×6＝24÷2×6＝72 个

（5）生长栏、育成栏 生长栏和育成栏通常也是两窝一栏，生长期饲养 6 周，育成期饲养 11 周。

生长栏＝每周分娩头数÷2×6＝24÷2×6＝72 个

育成栏数＝每周分娩头数÷2×11＝24÷2×11＝132 个

猪群结构：以年产出栏 10 000 头商品肉猪的猪场为例，根据工艺参数计算该场各类猪群结构。

（1）年平均需要母猪总头数

年平均需要母猪总头数＝（计划年出栏商品肉猪数×繁殖周期）/（365×窝产仔数×从出生至出栏各阶段成活率）＝（10 000×163）/（365×10×0.9×0.95×0.98）＝533 头

（2）配种舍成年空怀和配种后 21d 内的母猪头数

母猪头数＝（总母猪头数×年产胎次×饲养日数）/365＝[533×2.24×（14＋21）]/365＝115 头

（3）妊娠舍妊娠母猪头数

母猪头数＝（总母猪头数×年产胎次×饲养日数）/365＝[533×2.24×（114－21－7）]/365＝281 头

（4）分娩哺乳舍母猪头数

哺乳母猪头数＝（总母猪头数×年产胎次×饲养日数）/365＝[533×2.24×（7＋35）]/365＝137 头

（5）哺乳仔猪头数

哺乳仔猪头数＝（总母猪头数×年产胎次×每胎产仔数×成活率×饲养日数）/365＝（533×2.24×10×0.90×35）/365＝1 031 头

（6）35～70 日龄断奶仔猪头数

断奶仔猪头数＝（总母猪头数×年产胎次×窝产仔头数×哺乳期成活率×断奶成活率×饲养日数）/365＝（533×2.24×10×0.90×0.95×35）/365＝979 头

（7）70～180 日龄肥育猪头数

生长肥育猪头数＝（总母猪头数×年产胎次×窝产仔数×成活率×饲养日数）/365＝（533×2.24×10×0.90×0.95×0.98×110）/365＝3 015 头

三、批次化生产技术

基于母猪批次化生产的全进全出生产模式是一种高效可控的管理体系，可根据猪群大小、栏舍数量进行分群，按计划组织生产，达到同批母猪同期发情、排卵、配种和分娩同步化的目的，有效避免了连续生产模式的各种弊端，可实现猪舍或单元内猪群的全进全出，降低疫病交叉感染概率，显著提高生产管理效率，同时，整齐划一的生产节奏也为员工带来了休假机会。

批次化生产是按计划组织配种，实现均衡生产。利用生物技术，分批次控制母猪群的同期发情，进入批次化生产流程，达到同时发情、同时排卵、同时配种和同时分娩的目的。从母猪性周期特点、国内养猪管理水平、地理因素及环境调控、疫病防控压力等现状考虑，大规模猪场采用周批次，中小规模采用 3 周批。

（一）母猪生产批次化要求

母猪生产批次化要求：生产均衡；母猪年可更新率在35%～45%；仔猪平均日龄差别小，小于1.5d。

（二）批次生产类型

不同猪场因基础母猪群数量不同，应选择不同的批次生产模式。母猪批次化生产管理采用繁殖调控技术不同，分为精准和简式母猪批次化生产管理，根据批次间隔不同，分为整周批和非整周批（表3-9）。群体规模越大，批次间隔时间应越短，每个母猪群的母猪数越少，相对更容易管理。

表3-9 批次生产类型

类别	类型
整周批	1周批、2周批、3周批、4周批、5周批
非整周批	9d批、10d批、11d批、12d批、18d批、36d批

（三）批次生产的管理措施

（1）全进全出式生产。每个批次结束后，所有仔猪全部转出，并对圈舍彻底冲洗消毒，切断批次间的疾病传播。

（2）保证按时断奶，以确保圈舍有休养时间。

（3）母猪转入产房前要进行彻底的清洗消毒，保持分娩舍干净。

（4）严格按照批次规划时间进行配种，3周批配种时间一般为1周。每批次母猪配种时间越集中，分娩时间越接近，仔猪体重均匀度越好。另外，需根据各厂区以往生产数据（配种分娩率）和每批次分娩数确定每批次配种数，这就要求场区有一定规模的后备母猪群。

（5）监测并记录配种分娩率随着场区配种员变化或季节变化而产生的变化，及时调整每批次配种数，保证每批次分娩数达到设计分娩数。

（6）做好妊娠检查。无论是连续生产还是批次生产，做好妊娠检查都可以有效降低母猪的非生产天数。

（7）保持每批猪群的数量稳定。批次生产最重要的一点就是保持每批次产房满负荷运转，这是保证场区生产任务完成的前提。

（四）批次化生产的技术要点

1. 后备母猪批次化管理技术

（1）诱情管理　140～168 日龄后备母猪开始利用公猪诱情，光照时间逐渐延长到 16h，光照强度 50～300lx。220 日龄以上无初情表现的母猪可注射外源激素催情 1～2 次。

（2）短期优饲　短期优饲能促进后备母猪繁殖性能发挥，提高受胎率。可在后备母猪配种前 7d 进行优饲，每天自由采食含 200～300g 葡萄糖或食糖的哺乳料。

（3）性周期同步化管理　烯丙孕素是孕激素刺激物，使性周期同步化，促进子宫发育，增加子宫体系，有利于提高产仔数。孕马血清促性腺激素（PMSG）调控母猪的卵泡发育同步化。促性腺激素释放激素（GnRH）作用于腺垂体，促进排卵。后备母猪性成熟后，口服烯丙孕素 18d（200g 干料中混入 4mL 烯丙孕素）。

（4）定时输精管理　停药后 42h，肌内注射 800～1 000IU PMSG。80h 后注射 100～200μg GnRH 促进卵泡排出。24h 后进行第一次输精，首次配种后间隔 16h 第二次输精，具体见图 3 - 14。

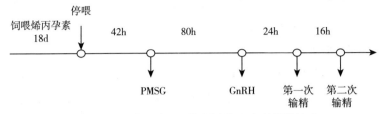

图 3-14 后备母猪性周期同步化和定时输精管理

（5）人工输精　精液品质检查按照《猪常温精液生产与保存技术规范》（GB/T 25172—2020）规定执行，后备母猪常采用子宫颈口输精，按《猪人工授精技术规程》（NY/T 636—2021）中常规输精程序操作。

2. 经产母猪批次化管理技术

（1）性周期同步化、定时输精管理　经产母猪断奶后，没有仔猪刺激，催乳素水平迅速下降，解除了催乳素对 GnRH 的抑制作用，下丘脑开始分泌 GnRH 并促进垂体分泌 FSH 和 LH，进而促进卵泡发育。经产母猪可以通过统一断奶时间的方式来初步实现断奶后的性周期同步化。断奶 24h 后，注射 800～1 000IU 的 PMSG。72h 后注射 100～200μg 的 GnRH。24h 后第一次输精，16h 后第二次输精，见图 3-15。

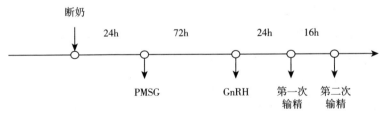

图 3-15 经产母猪性周期同步化和定时输精管理

（2）人工输精　精液品质检查按照《猪常温精液生产与保存技术规范》（GB/T 25172—2020）规定执行，经产母猪采用子宫体深部输精，按《猪人工授精技术规程》（NY/T 636—2021）中子宫体深部输精程序操作。

3. 繁殖异常母猪

返情检查于配种后 18～24d 进行。特别是执行 1 周批和 3 周批母猪批次化生产时，返情母猪可直接并入正在配种的批次进行配种，返情母猪的有效利用能够减少非生产天数。而实施 2 周批、4 周批和 5 周批时，返情母猪很难利用，可不进行返情检查，以减少工作量。人工授精后第 25 天采用 B 超进行妊娠鉴定，未能确诊的则在配种后 30d 左右再次检查。妊娠诊断后，未妊娠的母猪列为繁殖异常母猪。采用 1 周批和 3 周批母猪批次化生产时，发情即配种。采用其他批次化生产，发情不配种，并入下一批次配种计划。具体管理见图 3-16。

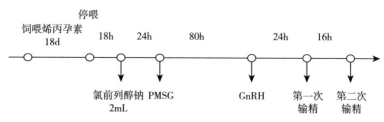

图 3-16　经产母猪性周期同步化和定时输精管理

4. 分娩同步化

母猪妊娠期为 114d，实际分娩会在 113～116d 内均有发生，时间不集中，另大多数母猪在晚上分娩，造成工作难安排。同期分娩技术是为达到预产期母猪集中分娩。精准式母猪批次化生产中，由于配种集中在 2～3d 内，注射氯前列醇钠的当天应有 40%～50% 的母猪能自然分娩，这样经诱导分娩后有 50%～60% 的母猪在第 2 天完成分娩。24h 后，对前一天注射药物且未分娩的母猪同部位注射 17.5～35μg 卡贝缩宫素。

第四节　猪群管理

　　猪场的猪群分为繁殖猪群和生长猪群。繁殖猪群包括后备母猪、空怀母猪、妊娠母猪、哺乳母猪、成年种公猪和后备种公猪，繁殖猪群的饲养管理是一个猪场的核心内容。生长猪群包括哺乳仔猪、保育仔猪、育成猪和育肥猪（图3-17）。各类猪群管理都要做好五大基本动作，即观察猪群、环境调控、上水上料、清粪清扫和统计记录。观察猪群和环境调控是基本动作。上水上料操作因各类猪舍不同而不同：生长猪群为自由采食；繁殖猪群要依据各类猪群的不同需求，在不同的时间段上调整饲喂次数和饲喂量；各类猪群的饮水，要保证不断水、充足、优质和适温。清粪清扫一般为上午、下午共2次，每周两次大清扫。统计记录一般在下午离舍前进行，也可依据不同的统计内容在不同的时间段进行记录。养猪的本质是"养"，养猪要满足猪的生物学和行为学特性，提供适宜的温湿度（表3-10）、密度（表3-11）、光照度（表3-12）、空气清新度（表3-13）、料水洁净度、营养

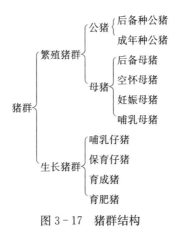

图3-17　猪群结构

均衡度，满足猪的生理需要、福利需要、维持需要、生长需要、繁殖需要、免疫需要和抗病需要，让猪吃好、喝好、呼吸好、住好、睡好、玩好、排便好，猪才能健康，才能病得少、死得少。

表 3-10　各类猪舍温湿度技术设计参数

猪群类别	温度（℃）		适宜湿度（%）
	适宜范围	最适	
空怀妊娠母猪	15～17	17	60
分娩母猪	15～20	17	60
初生仔猪	27～32	29	60
断奶仔猪	18～27	20	60
生长育肥猪	5～17	15	60～75

表 3-11　各类猪舍饲养密度参数

（单位：头/m²）

猪舍类别	种公猪	空怀妊娠母猪	哺乳母猪	后备母猪	保育仔猪	生长猪	育肥猪
饲养密度	9.0～12.0	2.5～3.0	4.2～5.0	1.0～1.5	0.3～0.5	0.8～1.2	0.8～1.2

表 3-12　各类猪舍光照指标

猪舍类别	光照强度（lx）	光照时间（h/d）
后备母猪	270～300	10～12
配种猪	150～200	10～12
空怀妊娠母猪	50～100	8～10
哺乳母猪	50～100	8～10
保育仔猪	50	8
生长育肥猪	50	8

表3-13 猪舍有害气体允许浓度

（单位：mg/m³）

猪舍类别	氨气	硫化氢	二氧化碳	颗粒物
保育猪舍	20	8	1 300	1.2
生长育肥舍	25	10	1 500	1.5
哺乳母猪舍	20	8	1 300	1.2
空怀妊娠母猪舍	25	10	1 500	1.5
种公猪舍	25	10	1 500	1.5

一、繁殖猪群管理

繁殖猪群的饲养管理是一个猪场的核心内容。评价种猪群体健康度，包括测定繁殖性能、监测猪群体抗体水平及抗原阴性或阳性，测定群体健康指数等。其中繁殖性能主要评价指标是产健仔数，母猪繁殖力的高低（通常以每头母猪每年提供断奶仔猪数量来表示）是影响猪场经济效益的主要指标；群体抗体水平及抗原监测主要针对猪瘟、蓝耳病、圆环病、伪狂犬病等病毒开展；群体健康指数与体表发生肿块、肢体跛行、体表清洁度、咬尾、咬耳等现象密切相关；还需监测猪群体发病率、群体损失及群体致死率等指标。

（一）后备母猪饲养管理

后备母猪是猪场的希望，数量主要依照猪场所希望达到的生产性能来决定。在我国的规模化猪场，母猪的年淘汰率为30%～50%，大部分是被动淘汰，即母猪本身出现问题，如繁殖性能不好、肢蹄不健康、疾病等。

1. 分群与定位

后备母猪在保育阶段根据体重进行分群，一般分群与转猪同时进行，转群一般在清晨进行，转群完成后，禁止下午或第 2 天再转群，以减少二次应激。分群后通过在圈舍内局部洒水驱赶猪只到固定的躺卧区休息，人工辅助猪群做好采食区、饮水区、躺卧区和排便区等划分。

2. 饲喂

后备母猪的饲养方法应采用自由采食法，并且在保育期和生长期时要注意按时更换饲料。每天要及时清空料槽一次，防止料槽中的饲料堆积霉变。1～2 月龄、体重 12.5～25kg 时饲喂教槽料，2 月龄后饲喂保育猪饲料，3 月龄后饲喂小猪料，4 月龄后饲喂后备母猪料。

母猪采食量偏低，营养不能满足泌乳等生产需要，导致母猪掉膘严重，弱仔多，繁殖问题多，严重制约了母猪的生产性能。现有解决后备母猪采食量低的方法，一是提高饲料营养成分来弥补营养成分的摄入不足，二是后备母猪胃肠扩容。引进后备猪需在 170 日龄至配种前胃肠扩容，加大配前补饲的力度，提高哺乳期的采食量。

后备母猪 170 日龄至配种前进行胃肠扩容，结合当地粗饲料资源，选择无霉变扩容物，如玉米秸、麦秸、稻草、玉米芯等。饲喂增加粗纤维含量促进胃健康，增加饱腹感，减少母猪应激。后备猪生长至 170 日龄前，采用常规饲料进行饲喂。在后备母猪饲料配方及喂量不变的情况下，一般每头猪每日另加 300g 左右干粉状高纤维饲料。到后备母猪发情配种时，停止添加干粉状高纤维饲料，母猪采食后按少量多次的原则喂水，以提高母猪对胃肠扩容的适应性。

后备母猪配前补饲：为促进后备母猪的卵泡发育，须在配前两周进行补饲处理，饲喂量可增到 3.8～4.0kg/d。现在生产中应用最多的是用育成料另加磷酸氢钙和复合维生素，作为配前补

128

饲的饲料。

3. 猪舍环境控制

温度控制在 15～27℃。引种后要注意保温防暑，以免昼夜温差过大引起流感、腹泻等。炎热季节可以在饲料中添加维生素C、维生素 E、小苏打等抗应激药物。湿度控制 50%～80%。冬季通风量 0.35m³/(h·kg)，防止贼风，春、秋季通风量 0.45m³/(h·kg)，夏季通风量 0.6m³/(h·kg)。后备母猪每天需要接受最低 16h 且大于 150lx 的光照强度。

4. 引进猪"三抗二免"操作

对 130～140 日龄后备猪通过抗应激或抗混感，提高抗病力和降低致病力，通过免疫接种诱生自身干扰素及特异性抗体来抵抗混感疾病的发生。①抗应激可选用多种维生素与黄芪多糖类制剂，以解除引种运输应激。一般是在全天饮水中添加，连用 3d。②抗混感可选用复方板蓝根和复方黄连素，预防和治疗长途运输中可能暴露的细菌和病毒感染。③抗体检测要采血化验猪瘟、伪狂犬病、圆环病毒病、蓝耳病的抗体滴度。引种后第 4 天猪瘟免疫，第 9 天的伪狂犬病免疫，既可达到加强免疫的效果，又可起到干扰素诱生剂的作用，用于抵抗病毒性混感。

5. 催情、查情

（1）催情　后备母猪若不能正常的按时发情，就会影响猪场配种计划。在配种舍内通过以下措施能够促进后备母猪尽快发情。

①催情补饲：在配种舍饲养的后备母猪第一次发情不配种，第 7 天开始补饲哺乳母猪料催情，每天喂 3～3.5kg，以刺激排卵。

②光照：在后备母猪和断奶母猪栏间，靠近母猪头部位置放置 100W 的灯管，使其眼睛感受到的光照强度为 50～300lx，夜间 10h 光照。

③后备母猪栏与公猪栏相邻，使后备母猪能够直接看到、听到、闻到、接触到公猪，促进发情。在初情期的前2～3周能使后备母猪开始与公猪接触则效果会更好。诱情公猪应选择唾液多、腥味重、善于交流的12月龄以上性欲很高的公猪。为避免审美疲劳，轮换使用不同公猪诱情比连续使用同一头公猪效果更好。公、母猪进行充分的身体接触，每天间隔8h同栏充分接触2次（上、下午各1次）最佳，但对130日龄就开始与公猪接触的后备母猪，只需接触1～2次。诱情最好在公母猪采食0.5～1h后进行。诱情公猪与后备母猪每次接触时间以10～20min为宜。诱情应连续接触20d以上或直至初情期出现为止。

④可以接触到经产母猪，刺激后备母猪的发情。

⑤在光照和温度较适宜时，将后备母猪放到户外运动；

⑥有条件的可以做背膘测定，在配种时P2（母猪最后肋骨上方，距背中线65mm处背膘厚度）达到18～20mm。

（2）查情　后备母猪经过适宜的发情刺激后，进入配种舍7d左右就会发情。断奶后母猪正常情况下，在催情补饲4～6d内可以发情。通常，母猪的发情经历4个时期：发情初期、发情高潮期、适配期和低潮期。因此，后备母猪发情鉴定主要根据阴户的红肿变化来确定，即以阴户红肿开始消退的转折时刻作为其发情开始的时间。母猪的发情表现见表3-14。

表3-14　母猪的发情表现

阴户变化	阴户黏液	静立反射	母猪状态	持续时间（h）	配种
肿胀、潮红	黏液、白色	无	不安静		否
肿胀、深红	变清凉	只在公猪前有	不安静	8～12	否
出现皱褶、深红	清凉、浅白色	在人前有	安静、发呆	12～24	是
正常、灰白	黏稠、黄白色	只在公猪前有	不安静		否

诱情过程中，饲养人员观察母猪的反应比监控公猪的行为更重要。光线不佳时应配备照明设备观察。

在猪场的实际管理中，发现母猪的发情特征和适配的时间都是存在个体差异的。由于母猪从有发情表现到排卵持续时间较长，平均40h（24~64h），因此一般进行两次配种。母猪胎次的不同使发情持续时间和从发情开始到排卵时间都有所变化，因此适配时间和查情时间也有所不同，见表3-15。采用人工授精的猪场，一旦发现母猪对人有静立反射，可以立即进行人工授精。而采用自然交配的猪场则不同，因为母猪对人发生静立反射的时间只持续15min，不可能进行交配。母猪再次出现静立反射的时间为1~1.5h，因此在此期间可以将公猪准备好，一旦母猪出现静立反射，立刻配种。

表3-15　不同胎次母猪的适配安排

项　　目	较早发情	正常发情	较晚发情
断奶到发情间隔（d）	2~3	4~6	>7
发情持续时间（h）	72	48	24
从发情开始到排卵时间（h）	50	34	16
主要对象	>7胎母猪	3~6胎母猪	后备母猪，久不发情母猪
发情静立反射到受精时间（h）	36~43	16~24	1~8
上午（7：00~9：00）出现静立反射后配种	下午一次，次日下午一次	下午一次，次日上午一次	上午一次，下午一次
下午（15：00—17：00）出现静立反射后配种	第二、三天上午各一次	次日上、下午各一次	下午一次，次日上午一次
配种时间的特点	发情高峰期已过	发情高峰期稍过	稍有发情现象就配种

建立发情记录：发情记录是有关后备母猪繁殖情况的第一项

基础记录，对制订配种计划具有重要的参考价值。故诱情开始就要建立完善的发情记录，包括发情后备母猪耳号、胎次、舍号和栏号，第1～3次发情的时间、外阴部变化和压背反应等。除做好记录外，最好在发情母猪身上用记号笔做上标记。记录的初情时间应以发情稳定的日期为准。

6. 配种

交配方法有本交和人工授精。本交分为自由交配和人工辅助交配。自由交配即公、母猪直接交配。人工辅助交配，先把母猪赶入交配地点后赶进公猪，待公猪爬跨母猪时，配种员将母猪的尾巴拉向一侧，使阴茎顺利插入阴户中。初次参加配种的青年公猪，性欲旺盛，往往出现多次爬跨而不能使阴茎插入阴道，公母猪体力消耗很大，甚至由于母猪无法支持而导致配种失败。因此，对青年公猪实施人工辅助交配尤为重要。与配的公、母猪，体格最好相仿，如果公猪比母猪个体小，配种时应选择斜坡处，公猪站在高处；如果公猪比母猪个体大，公猪站在低处。冷天、雨天、风雪天应在室内交配；夏天宜在早晚凉爽时交配，配种后切忌立即下水洗澡或躺卧在阴暗潮湿的地方。人工授精可提高优良公猪的利用率，减少公猪的饲养头数，克服本交时体格悬殊的障碍，避免疾病传播，操作流程如下。

（1）采集公猪精液　采精方法有假阴道采精法和徒手采精法，前者是借助特制模仿母猪阴道功能的器械采取公猪精液的方法。后者设备简单，操作方便，但精液容易污染和受冷空气影响，目前使用最为广泛。将采精公猪赶进采精栏，洗净公猪的外生殖器后用纸巾擦干。采精人

采集公猪精液

员将手洗净干燥后，戴上专用采精手套开始工作。采精员人工诱导令被采精公猪爬上假台猪后，首先帮助公猪将尿液和包皮积液

排净，用纸巾擦干，然后用手握成空拳导入阴茎，让其抽动数次
用手锁住阴茎头顺势拉出。待其精液射出后，丢弃开始部分的胶
体和清亮的副性腺液后，开始收集富含精子的部分。同时，另一
名人工授精实验室工作人员将采集的精液进行品质评定、稀释、
分装、标号和保存。

（2）品质评定　精液品质评定包括数量、气味、颜色、精子
形态、密度、活力六项指标。

①数量检查：通常一头公猪的射精量在 50～500mL，大多
数 150～250mL。可用有刻度集精瓶，或将精液倒入经煮沸消毒
烘干的量杯中测定。也可用电子秤称重，由于猪的精液的比重为
1.03，接近于 1，所以 1g 精液的体积约等于 1mL。

②气味：正常精液有腥味，如有臭味不可用于输精。有腥臭
味说明有脓液，有腥臊味说明混有尿液或包皮液。

③颜色：乳白色说明精液比较浓，精子密度高，不少于 2 亿
个/mL，属于正常精液；灰白色说明精液比较稀，精子密度低，
1 亿个/mL 以下，属于正常精液；浅褐色说明精液中混杂血液，
提示公猪阴茎或者输精管有损伤出血，属于不正常的精液；浅绿
色说明精液中混杂脓性细胞，提示公猪附睾腺或者前列腺等部位
有炎症，属于不正常的精液。另外，还可能出现黄色、淡红色、
浅黑色等颜色的精液，这些颜色异常的精液镜检时能够表现比较
正常的精子活力，但是往往会影响受胎率，最好摒弃不用。

④精子形态：直观检查时，正常精液应质地均匀，如果精液
中可看到小颗粒或絮状物，则说明有严重的精子凝集，为不合格
精液。显微镜检查精子形态，正常精子形状如蝌蚪，如看到双
头、双尾、无尾等畸形精子数超过 20%，精液应废弃。精子畸
形率是指精液中畸形（即形态异常）的精子占总精子数的百分
率，畸形率越高，精液的质量越差。后备公猪开始使用时以及正

常使用的公猪每月都要进行一次畸形率测定。公猪精子的畸形率应不高于20%。查找原因，调整饲养管理，如3个月后仍没有改善，应将公猪淘汰。

⑤密度：精子密度指每毫升精液中所含的精子数，分为密、中、稀、无四级，是确定稀释倍数的重要指标。在显微镜视野中，精子间的间隙小于1个精子者为密级，小于1～2个精子者为中级，小于2～3个精子者为稀级，无精子者应废弃。也可精液密度仪测定。

⑥活力：只有能够前进运动的精子才有与卵子结合成受精卵的可能性，前进运动精子称为有效精子。前进运动精子占总精子数的百分比叫作精子活力，这是精液微观检查的重要指标之一。

A. 制作活力检查的精液压片

a. 将精液滴注在事先放在恒温载物台上的载玻片中间。

b. 将一张干净的盖玻片的一个边放在精液滴的左侧与载玻片成向右的30°，稍微向右移动至精液进入载玻片与盖玻片间的夹缝中，轻轻放下盖玻片。这样做的目的是防止盖上盖玻片时产生气泡。由于精子有向着异物（如气泡）的中心运动的特性，如果视野中有气泡会影响到精子活力检查的准确性。

B. 精子活力评分

a. 精子活力应在37～39℃下检查，先用100倍检查，即用10倍的目镜和10倍的物镜进行整体观察，然后再把物镜调成40倍（即放大倍数为400倍）进行观察。按十级评分制：90%的精子呈前进运动的精液活力为0.9，80%呈前进运动则为0.8，依此类推，合格精液精子活力应不低于0.7。

b. 新鲜精液在100倍下观察，并不容易看到单个的精子活动，因此要进行整体观察。评分标准如下：

> ➤ 整个视野中有明显的大运动波 很好 5分；

> ➤ 出现一些运动波和精子成群运动 好 4分；

> ➤ 出现精子成群运动 一般 3分；

> ➤ 无精子成群运动，部分呈前进运动 较差 2分；

> ➤ 只有蠕动 差 1分；

> ➤ 无精子活动 0分。

合格精液的精子活力应不低于3分。在400倍下观察，应进行分区判断，以便确定运动精子占总精子数的比例。应注意仔细检查每个操作步骤，防止由于操作原因导致错判。

（3）精液稀释与保存

①精液稀释：精液稀释是为了增加精液量，扩大配种头数，延长精子存活时间，便于保存和长途运输，充分发挥优良公猪的配种效能。精液采集后应尽快稀释，原精贮存不得超过30min。稀释精液首先配制稀释液，稀释液与精液要求等温稀释，两者温差不能超过1℃，即稀释液应加热至33～37℃，以精液温度为标准来调节稀释液的温度。

精液稀释倍数应根据原精液的品质、需配母猪头数，以及是否需要运输和贮存而定。精液稀释后最终体积计算方式是：总精子数＝原精液体积（或质量）×原精液精子密度；可分装份数＝总精子数÷每份精液的精子数；精液稀释后总体积（或质量）＝可分装份数×每份精液的体积（或质量）。对每份可用于输精的精液，基本要求包括：活力≥0.6，鲜精活力≥0.7，每份精液体积80～100mL（或g）。

精液稀释时，一定要强调原精液与稀释液的温度要尽量一致，温度相差在2℃以内。将稀释液沿盛精液的杯（瓶）壁缓慢加到精液中，然后轻轻摇动或用消毒玻璃棒搅拌，混合均匀；如做高倍稀释时，应先进行低倍稀释［1：（1～2）］，稍待片刻后再将余下的稀释液沿壁缓慢加入，以防造成"稀释打击"。精液稀释 5min 后，再做精子活力检查，如果稀释前后活力一样，即可进行分装与保存，如果活力下降，说明稀释液的配制或稀释操作有问题，不宜使用，并应查明原因加以改进。

②精液分装：精液常温保存，精子活力无下降，按每头份 80～90mL 分装。实验室温度最好控制在 20～25℃，以免精液受到环境温度的影响。氧气不利于精子保存，因此，精液封装时应尽可能排出存留的空气。精液瓶在拧上盖子时，先将瓶盖旋大半圈左右，然后挤压瓶体使精液面上升至瓶口，再旋紧，以排出瓶中空气。袋装精液在封口时，也应先将其中的空气挤压，使精液面上升到接近封口处的高度，再用热封口机热封。

③精液的标记：为便于确认精液的来源、是否在保质期内，以及与配母猪的相关配种资料登记，每个品种的精液用不同颜色的精液瓶（袋）区分，并贴上标签，标明品种、公猪号、采精日期、有效期、总精子数和活力等。

④精液降温：置室温（22～25℃）1h 后（或用几层毛巾包被好后），使精液缓慢降温，待精液温度下降到接近室温时，再放入恒温冰箱中。

⑤精液保存：稀释好的精液应保存在有报警装置的电子恒温箱中，恒温箱内温度保持在 16～18℃。保存过程中要求每 12h 将精液混匀一次，防止精子沉淀而引起死亡。稀释的精液可在保温箱内保存约 3d。超过 3d 的精液，质量下降，不能用于人工授精。

⑥精液运输：精液运输应置于保温箱内，保持在 16～18℃，避免剧烈震动。

（4）查情 后备母猪 6 月龄后，每天上午、下午各一次将公猪赶到后备母猪栏催情 5～10min，同时员工按压母猪后背，摩擦母猪乳房，刺激后备母猪发情。直到后备母猪发情，记好发情母猪耳号、发情日期，做好后备猪发情记录，并将该记录移交配种舍人员。母猪发情记录从 6 月龄时开始，仔细观察初次发情期，以便在第二或三次发情时及时配种。

发情鉴定：最明显的变化是外阴变化（图 3 - 18），前期阴门应樱桃红、肿大，发情期阴门红肿减退，黏液黏稠表明将要排卵。发情前期母猪呼噜，尖叫，咬栏，烦躁不安，爬跨，黏液从阴门流出，被同栏母猪爬跨，但无静立反射。发情期弓背，震颤，发抖，目光呆滞，耳朵竖起，公猪在场时静立反射明显，食欲减少，愿接近饲养员，能接受交配。32 周龄体重 135kg 以上时开始配种，最好控制在 36 周龄才开始配种。40 周龄后不发情的母猪应做人工催情和药物催情，催情后 43 周还不发情的猪只淘汰。

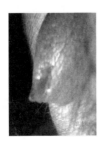

| 红肿 | 肿胀 | 出现皱褶 | 消退 |

图 3 - 18 母猪外阴变化

（5）配种 母猪发情前 1～2d 开始外阴部肿胀，配种时逐渐消失。经产猪发情开始 18h 后第一次配种，12h 以后第二次配种；后备母猪发情开始后，14h 第一次配种，8h 以后第二次配种。配种方法见图 3 - 19。

配种

清洗母猪　配种员消毒　取出输精管　插入输精管　输精

图 3-19　配种过程

①输精前作精液检查：输精前，冷藏精液需回温到 20℃。向试管倒入 1～2mL 精液，把试管放在 37～38℃ 的恒温水浴箱中加温 5min。取出精液轻轻摇匀，用已灭菌的滴管取 1 滴放于 37℃ 的恒温板上片刻，显微镜检查精子活力。精子活力≥0.7，方可使用。

②母猪清洗消毒：配种前应对受配母猪外阴部进行严格清洗消毒，方法如下：先用清水清洗外阴及母猪臀部，然后用 0.01% 高锰酸钾消毒后擦干。

③配种员消毒：配种人员剪除指甲，确保双手清洁，再用 0.7% 的生理盐水由上到下、由外向内，再由内向外冲洗外阴部，最后用抽纸擦干。

④取出输精管：经产母猪（2 胎以上）用大号，后备母猪及初产用小号，特别注意，不能弄脏龟头部位或导管；在输精管头部 5～6mm 处涂上润滑剂。

⑤插入输精管：插输精管前，母猪处于静立状态；发情不定的母猪需两个人配合操作。将输精管斜向上成 45°插入母猪生殖道内。

⑥输精：输精时，输精人员用手按摩母猪的后海穴、外阴、阴蒂、乳房、腹部，刺激母猪子宫收缩，防止精液倒流。手握输精管后 1/3 处，手不得触及输精管前 2/3 部分，保持输精管无污染，将精液瓶口接在输精管末端。轻缓地将输精管插入母猪子宫颈第 2～3 个皱褶，初配后备母猪当感觉有阻力时，稍微后退，再缓缓插入，当再次感觉有阻力插不进时"弹回"，后退 1cm 即

可输精。

输精人员输精时，握输精瓶或输精袋的手一定要暖和、干燥，不能给精子造成较大的温差，以影响受精能力。冬春季节输精人员戴手套。

输精速度缓慢，4～5min内完成。如果出现倒流应立即停止输精，将输精瓶低于阴户5cm左右。

输精方法：开始输精时，让精液自然流入子宫，输完2/3时，配合母猪的宫缩，人为在输精瓶上施加均匀压力，将精液挤入母猪子宫内。在输精的过程中，除开始输精时需排出输精管中的空气外，其他过程一律不能用大力挤。

在输精时，如母猪躺下可继续输精，不要拍打赶起母猪，拍打会阻止催产素的释放，并引起肾上腺素突然分泌而阻止子宫颈的收缩，容易造成精液倒流。

输完精后，继续按摩母猪1min左右，让精液充分吸纳，然后将输精管尾部折起，插入去盖的输精瓶中，防止气体进入和精液倒流。

输完精后评分要真实（表3-16），拔出输精管时要轻，并检查输精管头部是否受到污染，母猪有无患子宫阴道炎，有无受伤出血等异常情况，并把异常情况记录在母猪流动卡上，便于以后分析。

表3-16　配种操作评分

指标	评分		
	1分	2分	3分
站立发情	差	有一些移动	几乎没有移动
锁住程度	没有锁住	松弛锁住	牢固紧锁
倒流程度	严重倒流	轻微倒流	几乎无倒流

7. 引种计划

根据猪场群体类别和胎次结构调整更新率，种群更新计划见表 3-17。一般情况下核心育种场要求不超过 5 胎，前两胎比例 60%；曾祖代不超过 6 胎，前两胎 49%；祖代不超过 7 胎，前两胎 38%；父母代不超过 8 胎，前两胎 30.5%。

表 3-17　种猪更新计划

群体	核心（%）	曾祖代（%）	祖代（%）	父母代（%）
更新率	80	70	50	40
1 胎	34	27	20	16
2 胎	26	22	18	14.5
3 胎	20	18	17	13.5
4 胎	13	15	16	13
5 胎	7	12	14	12.5
6 胎		6	11	12
7 胎			4	11
8 胎				7.5

（二）妊娠母猪管理

妊娠母猪的饲养管理与产仔数和仔猪生产性能直接相关，改善妊娠母猪的繁殖性能可以有效提高生猪养殖的经济效益。

1. 科学饲喂

母猪妊娠阶段建议单圈饲喂，不仅可以保证妊娠母猪采食均匀，还可以避免抢食打架和撕咬，降低了妊娠母猪的流产率。为节约面积，也可将配种时间相近的母猪合笼饲养，饲养空间控制在 3~3.5m²/头。

良好的营养及科学的饲养管理可以有效提高母猪的繁殖性

能，进而提高初生仔猪的体重。妊娠母猪配后保胎期、稳胎期、乳腺发育期、产前围产期需限饲。配后 0～3d，日喂量要控制在 1.8kg，以利孕激素在血中含量达标。保胎期指配后 4～35d，膘情为七成膘，日喂 2.2kg。稳胎期指配后 36～74d，膘情为七成膘，日喂 2.4kg。乳腺发育期指配后 75～90d，膘情为七成五膘，日喂 2.3kg，防止过肥导致乳腺泡脂肪浸润。配后 91～107d，日喂哺乳料 2.5～3.0kg，以确保产前八成膘体况。产前围产期是产前 1 周，膘情为八成膘，日喂量逐步减少至 1kg，逐步减量或饲喂轻泻料，以防止产后便秘的发生。

妊娠母猪饲料品质是保障妊娠母猪生产性能和胎儿生长发育的关键。定期检查妊娠母猪饲料的品质，严禁使用发霉变质的饲料饲喂妊娠母猪，寒冷季节注意观察饲料是否冰冻。妊娠母猪后期需少喂多餐，避免母猪出现消化不良或者便秘的情况。

母猪妊娠导致胃肠容积缩小，进而采食量下降。为提高泌乳期采食量，妊娠母猪配后 35～107d，采用优质、无霉变的粗饲料进行胃肠扩容，以增加哺乳期采食量。粗纤维饲料可选择麦秸粉、稻草粉、玉米芯粉等。在维持妊娠期体况的前提下，日喂量不变，另加入粗纤维饲料 400g 左右。

2. 妊娠诊断

母猪妊娠诊断有助于在妊娠早期识别空怀母猪，并调整管理方案。正确的妊娠诊断是保证繁殖机能正常发挥、缩短胎间距、提高繁殖效率和经济效益的重要手段。目前，母猪妊娠诊断技术主要有临床检查、实验室检验和影像诊断。

（1）临床检查　主要是根据母猪妊娠过程中的生理结构特点及生理变化来判断其是否妊娠，主要是对妊娠母猪体型变化的观察和检查。猪的妊娠临床检查主要包括视诊、触诊、叩诊和听诊等一般物理检查法。

整体判断：从发情周期看，若配种后一个发情周期（18～21d）未有发情表现可初步判断已经妊娠，可结合其他辅助检查方法予以确诊。从母猪妊娠后外部特征和行为表现看，母猪配种后表现贪吃、贪睡，膘情恢复快，性情温驯，行动小心，皮毛光亮紧贴身躯，腹围逐渐增大，阴门干燥，缩成一条线，尾巴下垂。双指对其腰背部掐压无静立反应，配种10d后，观察母猪阴门阴道的颜色状态，如阴道颜色苍白，阴门附有浓稠黏液，手背触之干涩不润，说明已经妊娠。也可观察母猪外阴户，母猪在配种后如果阴户下联合处逐渐收缩紧闭，且呈明显的向上翘，说明已经妊娠。从乳头看，母猪配种40d后，仔细观察乳头根部是否有一个红圈，有红圈者即孕。一般有多少个乳头有红圈，就预示这头母猪可能产多少个仔猪（此法不适用于长白猪）。

腹部检查：在母猪妊娠前中期，可以结合听诊和触诊的方式对母猪腹部进行妊娠检查。听诊是利用听诊器在母猪耻骨前缘的腹白线周围听胎儿的胎心音和胎动音进行判断。当母体子宫对胚胎血液供给加强时，胎儿血循环加强，逐渐形成胎心音和胎动音，由于听诊混杂着各种声音，需特别注意信号音的辨识。胎动音较胎心音出现

整体判断
母猪妊娠

晚，在妊娠中期可以明显听到类似"犬吠声"。除了听诊，还可对其软腹壁进行触诊，方法是手指并拢，沿腹部进行深入地切入或压入，以感知内部器官组织尤其是子宫角的紧张度和敏感度，结合母猪的刺激反应和长期的实践经验做出是否妊娠的判断。

直肠检查：母猪直肠妊娠检查在配种后3周左右进行，检查时不需要对母猪进行过多保定，可在母猪进食时进行。检查者

要求手臂细长，检查前带上长筒 PE 手套，手套表面均匀涂上液态石蜡，检查方法是五指并拢成圆锥状，旋转通过肛门伸入直肠，缓缓沿肠管方向伸入，动作要轻柔，过程中掏出直肠中的粪便。当母猪妊娠时，触摸到的子宫搏动有力，子宫壁因子宫内含有羊水波动而富有弹性；当母猪未妊娠时，因为子宫内无羊水，子宫壁弹性差、波动较弱，子宫动脉搏动很弱。同时随着妊娠，胎儿增大，子宫角直径也变得更粗。此法对经产大母猪准确率高达 95％以上。

（2）实验室检验 是利用物理学、化学和生物学等试验技术方法，对妊娠母猪的血液、尿液、体液、组织细胞等产物的物理性状和化学成分分析，通过寻找出其妊娠与非妊娠时期变化的差异产物，从而做出妊娠诊断。

①血液检测：母猪血液中黄体酮浓度大于 $5ng/mL$，并且雌酮硫酸盐浓度大于 $0.5ng/mL$，则认为母猪妊娠。根据母猪妊娠早期血小板显著减少的生理反应，血小板是否显著减少对配种后数天内的母猪做出早期妊娠诊断。

②尿液检查：尿液的检查方法一般包括尿液碘化钾检测法和尿液雌酮检查法两种。尿液碘化钾检测法是在母猪配种后 $10d$ 左右，收集其新鲜尿液放入烧杯中，加入 $1mL$ 的 $5％$碘酊，摇匀后加热，待混合液沸腾后，若尿液呈红色表示已经妊娠，若显示为褐色或黄色则表示未妊娠。尿液雌酮检查的方法则是收集母猪的新鲜尿液，通过放射免疫测定，依据孕酮浓度的水平判断母猪是否妊娠。

③阴道细胞学检查：阴道细胞学检查的原理是母猪分泌的雌激素刺激阴道上皮浅层细胞角质化，角质化细胞随着雌激素的增减而增减。检查方法有阴道活组织采样和阴道上皮细胞涂片的方法。检查阴道黏液，取配种 $10d$ 后阴道内的黏液少许，放入试管

中加适量蒸馏水摇匀，加热 1min，如黏液呈云雾状碎絮物悬浮于透明液中，说明母猪已妊娠。

（3）影像诊断　超声检查是利用超声波的物理特性及动物体的声学特征，对动物组织器官结构和妊娠状态做出判断的一种非创伤性检查。应用在动物生产诊断中主要有 D 型探查法和 B 型探查法。

影像诊断
母猪妊娠

D 型超声探查法：又称彩超。对于母猪妊娠检查也无须保定，以安静侧卧最好，趴卧站立均可进行。超声检查在最后一对乳房前部的下腹部左右肋部进行，以"U"探测方式向母猪前驱推进直到胸骨后端。妊娠早期由于胚胎很小，探头向耻骨前缘方向上下移动，寻找到母体动脉血流音，在其周围可探测到胎心音。胎心音在配种后妊娠 30d 左右诊断准确率最高。胎动音在妊娠 50d 以上时可以检测出。

B 型超声波：又称为超声断层扫描法，是一种灰阶成像方式，高灰阶的实时 B 超扫描仪可清晰显示脏器外形与毗邻的关系。母猪的早期妊娠检查在 12～16d，但 B 超检查一般需在 3 周以后。利用 B 超对母猪进行妊娠检查时，超声探头向探查腹部发出数百束超声波，薄膜囊内的胎儿由羊水浸泡着，由于液体对超声波不反射声波，因此会在胎儿周围形成一个暗区，胎儿的形态初步凸显出来。检查时，可令待检母猪站立，检查者将 B 超探头抵其倒数第二个乳房根部上方 2cm 处，并从不同方位探查，以主机屏幕上是否出现特殊胎囊图像为准，判定该母猪是否妊娠。

3. 保胎

母猪易流产期一共分 3 个时期：第一时期，妊娠 9～13d 是合子着床和子宫形成胎盘期，如果饲养管理不当，很容易造成妊娠母猪早期流产；第二时期，妊娠45d前后，即胎儿器官形成期，但流产率不高；第三时期，胎儿生长期，在妊娠60～70d，由于妊娠母猪营养和管理原因，造成胎儿营养不良，极易造成流产，是母猪流产率最高的时期。妊娠80d后，虽然不易流产，如果饲养管理不当，即使产仔，仔猪成活率和生长速度也不会高。引起妊娠母猪流产的原因，有感染细小病毒病、猪日本脑炎、猪繁殖与呼吸障碍综合征、猪伪狂犬病、猪瘟、猪布鲁氏菌病等传染性疾病，以及患有季节性繁殖障碍或饲喂霉变饲料。

妊娠初期母猪在限位栏饲养，保胎期内不准免疫、不准驱虫、不准使用任何药物、不准饲喂霉败饲料，以防止其在子宫中对囊胚的毒害。细心照顾配后母猪，严禁转群致跌打损伤造成隐性流产。加强疫病监测工作，制订和执行合理的免疫程序，对危害大、无法治愈或治疗成本过高的传染病猪及时扑杀净化。做好饲料的管理工作，防止饲料的霉变，可以在饲料中添加一定量的脱霉剂。青绿饲料最好新鲜生喂，如果煮喂，应加入少量食醋，既可杀菌，又能分解亚硝酸盐，能够避免亚硝酸盐中毒造成的妊娠母猪早产、产弱胎或死胎。

4. 免疫和驱虫

妊娠母猪免疫分为普免（表3－18）和按生产周期免疫（表3－19），驱虫方案见表3－20。母猪的皮下注射必须用短针头（12～15mm长的12♯针头），不建议用16♯长针头，容易注入母猪深部肌肉，疫苗被毛细血管直接吸收，达不到缓释长效的目的。

母猪免疫

表 3-18   妊娠母猪普免参考程序

免疫时间	疫苗名称	免疫剂量	免疫方式
1月、5月、9月	猪瘟弱毒疫苗	2头份	强制免疫
2月、6月、10月	口蹄疫疫苗	2mL	强制免疫
3月、7月、11月	伪狂犬病基因缺失疫苗	2头份	强制免疫
3月、7月	日本脑炎弱毒疫苗	2头份	强制免疫
4月、8月、12月	蓝耳病灭活疫苗	2头份	强制免疫
4月、8月、12月	萎缩性鼻炎疫苗	1头份	强制免疫

表 3-19   妊娠母猪按生产周期免疫程序

免疫时间	疫苗名称	免疫剂量	免疫方式
产前45d	传染性胃肠炎-流行性腹泻二联疫苗	1头份	选择免疫
产前40d	K88/K99大肠杆菌病疫苗	2头份	选择免疫
产前20～25d	传染性胃肠炎-流行性腹泻二联疫苗	1头份	选择免疫
产前15d	K88/K99大肠杆菌病疫苗	2头份	选择免疫
产前14d或产后14d	细小病毒病疫苗	2mL	选择免疫
产后21d或断奶时	猪瘟弱毒疫苗	4头份	选择免疫

表 3-20   妊娠母猪驱虫方案

项目	要求
驱虫时间	跟胎驱虫：产前2周 每年2月、5月、8月、11月全场统一安排驱虫
驱虫周期	5～7d
驱虫方式	体内、外同时驱虫
驱虫药物首选	体内：伊维菌素（预混剂、针剂） 体外：双甲脒等

5. 预产期估算

母猪的妊娠期平均为114d（111～117d），预产期估算常采

表3-21 母猪预产期简明推算

配种日期	1月	2月	3月	4月	5月	6月	7月	8月	9月	10月	11月	12月
1日	4月25日	5月26日	6月23日	7月24日	8月23日	9月23日	10月23日	11月23日	12月24日	1月23日	2月23日	3月25日
2日	4月26日	5月27日	6月24日	7月25日	8月24日	9月24日	10月24日	11月24日	12月25日	1月24日	2月24日	3月26日
3日	4月27日	5月28日	6月25日	7月26日	8月25日	9月25日	10月25日	11月25日	12月26日	1月25日	2月25日	3月27日
4日	4月28日	5月29日	6月26日	7月27日	8月26日	9月26日	10月26日	11月26日	12月27日	1月26日	2月26日	3月28日
5日	4月29日	5月30日	6月27日	7月28日	8月27日	9月27日	10月27日	11月27日	12月28日	1月27日	2月27日	3月29日
6日	4月30日	5月31日	6月28日	7月29日	8月28日	9月28日	10月28日	11月28日	12月29日	1月28日	2月28日	3月30日
7日	5月1日	6月1日	6月29日	7月30日	8月29日	9月29日	10月29日	11月29日	12月30日	1月29日	3月1日	3月31日
8日	5月2日	6月2日	6月30日	7月31日	8月30日	9月30日	10月30日	11月30日	12月31日	1月30日	3月2日	4月1日
9日	5月3日	6月3日	7月1日	8月1日	8月31日	10月1日	10月31日	12月1日	1月1日	1月31日	3月3日	4月2日
10日	5月4日	6月4日	7月2日	8月2日	9月1日	10月2日	11月1日	12月2日	1月2日	2月1日	3月4日	4月3日
11日	5月5日	6月5日	7月3日	8月3日	9月2日	10月3日	11月2日	12月3日	1月3日	2月2日	3月5日	4月4日
12日	5月6日	6月6日	7月4日	8月4日	9月3日	10月4日	11月3日	12月4日	1月4日	2月3日	3月6日	4月5日
13日	5月7日	6月7日	7月5日	8月5日	9月4日	10月5日	11月4日	12月5日	1月5日	2月4日	3月7日	4月6日
14日	5月8日	6月8日	7月6日	8月6日	9月5日	10月6日	11月5日	12月6日	1月6日	2月5日	3月8日	4月7日
15日	5月9日	6月9日	7月7日	8月7日	9月6日	10月7日	11月6日	12月7日	1月7日	2月6日	3月9日	4月8日

（续）

配种日期	1月	2月	3月	4月	5月	6月	7月	8月	9月	10月	11月	12月
16日	5月10日	6月10日	7月8日	8月8日	9月7日	10月8日	11月7日	12月8日	1月8日	2月7日	3月10日	4月9日
17日	5月11日	6月11日	7月9日	8月9日	9月8日	10月9日	11月8日	12月9日	1月9日	2月8日	3月11日	4月10日
18日	5月12日	6月12日	7月10日	8月10日	9月9日	10月10日	11月9日	12月10日	1月10日	2月9日	3月12日	4月11日
19日	5月13日	6月13日	7月11日	8月11日	9月10日	10月11日	11月10日	12月11日	1月11日	2月10日	3月13日	4月12日
20日	5月14日	6月14日	7月12日	8月12日	9月11日	10月12日	11月11日	12月12日	1月12日	2月11日	3月14日	4月13日
21日	5月15日	6月15日	7月13日	8月13日	9月12日	10月13日	11月12日	12月13日	1月13日	2月12日	3月15日	4月14日
22日	5月16日	6月16日	7月14日	8月14日	9月13日	10月14日	11月13日	12月14日	1月14日	2月13日	3月16日	4月15日
23日	5月17日	6月17日	7月15日	8月15日	9月14日	10月15日	11月14日	12月15日	1月15日	2月14日	3月17日	4月16日
24日	5月18日	6月18日	7月16日	8月16日	9月15日	10月16日	11月15日	12月16日	1月16日	2月15日	3月18日	4月17日
25日	5月19日	6月19日	7月17日	8月17日	9月16日	10月17日	11月16日	12月17日	1月17日	2月16日	3月19日	4月18日
26日	5月20日	6月20日	7月18日	8月18日	9月17日	10月18日	11月17日	12月18日	1月18日	2月17日	3月20日	4月19日
27日	5月21日	6月21日	7月19日	8月19日	9月18日	10月19日	11月18日	12月19日	1月19日	2月18日	3月21日	4月20日
28日	5月22日	6月22日	7月20日	8月20日	9月19日	10月20日	11月19日	12月20日	1月20日	2月19日	3月22日	4月21日
29日	5月23日		7月21日	8月21日	9月20日	10月21日	11月20日	12月21日	1月21日	2月20日	3月23日	4月22日
30日	5月24日		7月22日	8月22日	9月21日	10月22日	11月21日	12月22日	1月22日	2月21日	3月24日	4月23日

用三种方法。

（1）三三三法　即母猪妊娠期为3个月3个星期零3d。如5月8日配种，加3个月是8月，加3周和3d，8+21+3=32，即预产期为9月2日。

（2）计算法　月份+4，日期-6，再减大月份，过2月+2d（闰2月只加1d）。同样是5月8日配种，预产期为5+4=9月，8-6=2日，也是9月2日。生产上为了推算准确，应在上述推算的基础上加、减妊娠期的大、小月多出或不够的天数。如上述的例子中，5月、7月和8月是31d，在原结果上再减3d，所以预产期应为8月30日。

（3）查表法　母猪预产期简明推算见表3-21。如某头母猪于10月1日配种，在第一行中查到10月，在第一列中查到1日，两者交叉处的1月23日（次年）即为预计的分娩日期。

6. 母猪体况评分与管理

尽管母猪体况评分存在一定的不准确性和主观性，但可以帮助猪场快速发现母猪体况变化程度。配种妊娠阶段最好定点监测，在配种时、妊娠第30天、妊娠第70天、分娩前进行。膘情是通过对母猪躯体三个较重要的部位（脊柱、尾根、骨盆），以及对应背膘进行检查而得出的母猪体况的综合性评价（表3-22）。配种妊娠舍各阶段母猪的标准膘情见表3-23。

表3-22　膘情评分

项目	评分				
	1分	2分	3分	4分	5分
脊柱	突出，明显可见	突出、但不明显、易摸到	看不见、可以摸到	很难摸到、有脂肪层	摸不到、脂肪层厚
尾根	有很深的凹	有浅凹	没有凹	没有凹、有脂肪层	脂肪层厚

(续)

项目	评分				
	1分	2分	3分	4分	5分
骨盆	突出明显，可看到	突出，可看到、易摸到	突出，看不到、可以摸到	突出，看不到、用大力可摸到	突出，看不到、摸不到
对应背膘（mm）	<15	15～17	17～20	20～23	>23
示例	很瘦	偏瘦	适中	偏肥	过肥

表3-23 配种妊娠舍各阶段母猪的标准膘情

阶段	标准膘情
断奶母猪	2.5～3分
断奶-配种母猪	2.5分
配种后1～3d母猪	2.5分
配种后36～84d母猪	3～3.5分
配种后85d至分娩母猪	3.5～4分

(三) 围产期管理

母猪围产期是分娩前后1周左右的时期，是母猪繁殖周期中特殊而关键的时期，具有特别的影响力。围产期是仔猪生产经济损失的重要阶段，在断奶前死亡的仔猪中，有一半以上是发生在

3d 以内，尤其是最初的 36h。

1. 产前准备

（1）产房准备　产房要选择长期驻场的夫妻工或技术熟练的员工，熟悉消毒药、催产药等使用和接生技术。产房要先清洗，再维修，然后进行彻底消毒。猪入产房前提前一周做好准备，消毒前检修好设备运行情况，清除杂物、异物然后冲洗圈舍，冲洗干净后使用 2%～3% 烧碱溶液喷洒整个圈舍。圈舍密封性好的猪场，以及猪病威胁大的猪场在消毒后密闭，采用甲醛、高锰酸钾熏蒸消毒，熏蒸结束后，开窗通风 2d。产房设备采用火焰消毒对于病毒性疾病效果更好，进猪前 2～4h 再用广谱消毒剂消毒，按说明书使用。产房的饲养环境应相对安静，卫生状况达标，猪粪经常清理，环境中的尘埃浓度低，空气新鲜，有害气体少。产房温度要达到 18～22℃，湿度控制在 60% 左右，保温箱内温度要达到 32～35℃，以满足母仔的需求。

（2）产前一周蹬产床准备　保管猪场的各项记录表格，在临产前一周，要将待产母猪的配种档案重新核对，按配种记录或妊娠记录确认开产日龄和蹬产床的时间。对确认母猪进行清洗、消毒处理，以免污染产床。提前一周将妊娠母猪转入产房以适应新环境，驱赶母猪时要温和，不可追打。有条件的养殖场在转群过道上备有电子秤，便于产房体重控制。按母猪的临产日龄进行划区安排，以利产仔后的饲养管理。母猪蹬上产床后，视膘情对饲喂量进行调整，一般情况下，产前 3d 要适当降低饲喂量，最好采用湿拌料饲喂，每天饲喂 2～3 次，至产仔当日降为 1kg 为宜。

（3）母猪准备　母猪临产前，会发生一系列生理反应，分娩前一周，乳头呈"八"字形向两侧分开；分娩前 4～5d，乳房显著膨大，两侧乳房外胀明显，呈潮红色发亮，用手挤压乳头有少量稀薄乳汁流出；分娩前 3d，母猪起卧行动谨慎缓慢，乳头可分泌乳汁,用手触摸乳头有热感;分娩前1d,乳汁较浓稠,呈黄色,母猪阴门肿大,松弛,并有黏液流出;分娩前6~10h,母猪表现外阴肿胀变红,频繁撕咬产床或料槽;分娩前1~2h,母猪表现精神极度不安,呼吸急促来回走动,频频排尿,阴门有黏液流出,乳头可挤出较多乳汁;如母猪躺卧,四肢伸直,阵缩间隔越来越短,全身用力努责,阴户流出羊水,则表明很快就要生产。母猪产仔前表现及距产仔时间见表3-24。

表3-24 母猪产仔前表现及距产仔时间

产前表现	距产仔时间
乳房膨大	16d 左右
阴户红肿,尾根两侧下陷	3~5d
挤出乳汁(从前边乳头开始)	1~2d
不安,起卧	8~10h
乳汁由清变浓(乳白色)	6h
呼吸加快(90 次/min)	4h
躺下四肢伸直	10~90min
阴户流出分泌物	1~20min

2. 接产操作流程

(1)产前卫生 为了保证新生仔猪吃到干净的初乳,防止病从口入,从而造成仔猪细菌性腹泻,母猪临分娩前一定做好产前消毒工作。使用1∶1 000高锰酸钾溶液清洗母猪外阴和乳房部位。

(2)开始分娩 母猪分娩时一般多侧卧,经几次剧烈阵缩与努责后,胎衣破裂,血水、羊水流出,随后产出仔猪。一般产出第一头仔猪30min后,没有仔猪产出,可用一次性输精管探查,确定仔猪是否进入产道,一般每5~25min产出1头仔猪,整个分娩过程需要1～4h。

（3）接产操作 当仔猪产出后，用手托起仔猪，立即用毛巾清除仔猪口中和鼻孔周围的黏液，以免仔猪吸入引起窒息。用密斯陀等干燥粉擦干仔猪身上的黏液，结扎脐带后、断尾，剪犬齿、口服2mL庆大霉素，断端涂以5%碘酊消毒，完毕后将仔猪放入保温箱内。

脐带结扎 结扎脐带前，先把脐带血向上挤压至仔猪腹内，减少或避免脐带血流失。结扎位置距腹部留2～3cm，剩余部分掐去。禁止使用剪牙钳剪断，以免流血过多，造成体质虚弱或贫血而死。

假死仔猪抢救 如发现仔猪出生后有心跳，无呼吸，即可初步判定为假死。判定假死后，一手握住仔猪的肩颈部，一手握住仔猪臀部，向中间对折，每分钟20～30次，进行人工呼吸。

记录每头仔猪出生时间及状况，如果同时接产窝次多，可简单记录第一头仔猪出生时间，第五头仔猪出生时间，有利于判断是否出现难产等异常。

（4）尽快让仔猪吃上初乳，产后检查母猪胎衣是否全部排出，如发生胎衣不下或胎衣不全可灌注宫炎净等药物。

（5）做好分娩记录 把生产母猪的耳牌号、与配公猪的耳牌号、配种日期、预产期、实际生产日期及每头仔猪出生的时间，出生状况（如死胎、木乃伊胎、畸形胎），胎衣排出情况，是否助产及分娩中所采取的措施。

3. 难产母猪的处理

分娩前难产判断，羊水破裂后1h，母猪努责仍无仔猪出生，判定为难产，一般多见于初产母猪。分娩过程中难产判断，如果母猪分娩过程间隔30min仍无仔猪产出，可以判断为难产。首先要判断难产原因，使用输精管探测产道内有无仔猪，以判断仔猪的位置及难产类型。仔猪进入产道，母猪连续努责要进行助产。助产六字诀，即推、踩、输、掏、拉、剖，按摩乳房同时自前向后推拿，以刺激母猪子宫收缩。助产操作如下：

第一步　温水清洗母猪后阴部。

第二步　用 1∶1 000 高锰酸钾溶液清洗消毒，并擦干母猪后阴部。

第三步　剪短指甲并磨平，手臂严格消毒，同时用肥皂水润滑。也可以戴上一次性长臂手套操作。

第四步　手法：五指并拢呈锥状，随母猪努责慢慢进入产道，触摸仔猪。胎位不正要纠正胎位，抓住仔猪的手随母猪子宫的收缩，向子宫内推送仔猪，同时旋转仔猪调整胎位，反复几次直至正确。胎位正确后，如果仔猪头朝前，则可以用手指卡住仔猪两后耳根拉出；如果仔猪两个后腿在前，则用三个手指卡住其两后腿关节，随母猪努责顺势拉出。

第五步　助产过的母猪、产程过长的母猪要进行静脉输液：固定好输液瓶，准备好输液器，等母猪安静下来时耳静脉输液。用橡皮扎带扎紧母猪耳根，并用手指轻弹几下血管，使血管尽量明晰。一手固定耳部，一手持输液器针头在远心端血管处进针，有回血时打开输液器开关，调好流速，固定针头。输液过程中注意观察母猪状况，如有不良反应及时停止输液。等输完时，关闭输液器，拔出针头，用药棉止血消毒。

4. 分娩后母猪的饲养管理

母猪分娩结束后注意将胎衣收集起来，避免母猪偷吃而引起消化不良。母猪分娩当天不喂或者饲喂 1kg 左右淡盐水麦麸汤，分娩后第 2 天开始少量饲喂饲料，一般饲喂量在 1～2kg，以后每天以 0.5kg 的饲喂量增加，5～6d 后恢复到自由采食，饲料最好湿拌饲喂，同时保证充足清洁饮水。除精饲料外，每天最好补饲一些水果、蔬菜、牧草等，这些青绿饲料不仅能额外补充维生素、矿物质等，还具有润肠通便作用，促进泌乳。不要在哺乳期进行再次妊娠，因母猪刚生产，子宫内壁的修复需要 30～40d。

母猪产完后最重要的工作是防止感染，母猪产前产后用双黄连 100g 拌入 150kg 饲料，连喂 7d。也可以用补益清宫散清除母猪产后子宫内滞留的胎衣碎片及其内容物，防止棒状杆菌、绿脓杆菌等细菌感染子宫。产后乳房保健，一般注射疏通肝经的鱼腥草针剂，配合阿莫西林粉。产后可适当用抗应激药，选用黄芪多糖制剂饮水，连用 3d。对于产后粪便干燥的母猪，可选用大黄苏打粉、人工盐等制剂进行肠胃调整。对产后不食的母猪，可选用开胃针、硫酸钠、维生素 B 等药物促进食欲。对产后无乳的母猪，可选用催奶类及催产素制剂进行催奶处理。如果母猪泌乳量小，不能满足仔猪采食需求，可通过乳房局部热敷、按摩等方法排乳，也可采用中药通乳散促进泌乳，方剂为黄芪 60g、党参 40g、通草 30g、川芎 30g、白术 30g、川续断 30g、山甲珠 30g、当归 60g、王不留行 60g、木通 20g、杜仲 20g、甘草 20g、阿胶 60g，研成粉末后用开水冲调，加黄酒 100mL，候温灌服，也可用水煎服。

（四）泌乳高峰期管理

饲养泌乳母猪的任务是提高母猪的泌乳能力，母仔健壮，仔猪哺育率高，母猪正常繁殖体况，为下一个繁殖周期创造条件。

泌乳母猪最好喂生湿料 [料：水＝1：(0.5～0.7)]，如有条件可以喂豆饼浆汁。给饲料中添加经打浆的南瓜、甜菜、胡萝卜、甘薯等催乳饲料。泌乳期母猪饲料结构相对稳定，不要频变、骤变饲料品种，不喂发霉变质和有毒饲料，以防造成母猪乳质改变而引起仔猪腹泻。

母猪分娩后,应该保证整个养殖环境清洁卫生安静,减少各种声音刺激,要及时清理圈舍当中的粪便和垃圾,减少各种蚊虫老鼠,定期进行灭蝇灭鼠工作。产后 7~13d 对附红细胞体、弓形虫进行药物预防,在产后 14~20d,对体内外寄生虫进行药物预防。对粪便干燥、肝火大的母猪,使用鱼腥草针剂泻肝火,确保乳房健康。

(五) 断奶母猪管理

断奶母猪的饲养任务是降低营养摄入,减少乳汁分泌,防止乳房发炎,实现安全断奶;保证断奶母猪的维持需要,尽快恢复体质,保持种用体况,确保发情配种。

1. 产后母猪适时断奶

母猪进入断奶期后,根据母猪的泌乳情况及仔猪的哺乳情况等,慢慢减少哺乳次数,并改变哺乳时间,以打乱母猪原来的泌乳规律,从而降低了母猪泌乳及仔猪吸吮乳汁的欲望,逐渐实现安全断奶。母猪断奶前,将其赶出圈舍,进行户外活动,消耗一定体能,减少乳汁分泌。或者适当给予不太舒适的环境,使母猪分泌乳汁减少,实现安全断奶,但仍要保持清洁卫生,防止疾病发生。

一般母猪断奶的最佳时间为产仔后 25~35d,最好选择在傍晚,减少应激。断奶后,将母猪赶出原来圈舍,另圈饲养,而让仔猪继续留在原来圈舍。这样既利于母猪发情配种,也利于仔猪减少应激。头胎母猪不要与老龄和体重较大的母猪混合饲养。

2. 断奶母猪整顿

为保障生产效率和养殖效益最大化,对于健康状况不好、母性不好的母猪要及时淘汰;第 3~6 胎连续 2 胎产仔数少于 8 头的要淘汰；连续两次配不上种或连续两次流产的一律淘汰；7胎以上，产仔数少于8头的一律淘汰；患有子宫炎、乳房炎、蹄腿病、不发情的断奶母猪要及时淘汰。每年按基础母猪在栏数的40%进行后备母猪的选留培育。选留春、秋两季产的仔猪留种，确保头胎母猪在春秋季产仔。

3. 断奶母猪体况恢复

断奶后，母猪应适当运动，尽快恢复体质，及早发情配种。有条件的情况下，断奶母猪应自由活动，必要时适当驱赶运动。

看膘给量。为恢复断奶母猪的体况和促进卵泡发育，断奶后第2天至配种阶段的母猪应该增加饲喂量，进行短期优饲。将母猪哺乳期饲料配方更改为断奶期饲料配方，降低能量饲料的比例，为提高产仔数和初生重打下良好的基础。早上和中午各定时饲喂一次，日喂料达到2.5～3kg。由于母猪断奶后不用哺乳仔猪，采食量会变大，这时应该多提供营养丰富的优质青绿多汁饲料，有利于母猪尽快恢复体况，及时发情、配种，提高基础妊娠率和产仔数。

（六）种公猪管理

种公猪管理的主要目标是提高种公猪的配种能力，使种公猪体质结实，体况不肥不瘦，精力充沛，保持旺盛的性欲，精液品质良好，提高配种受胎率。

1. 种公猪选择

猪场在选择种公猪时，要从品种特性、遗传特性、生长发育状况、猪场环境、饲养条件等方面来进行综合考虑，选择高标准的种公猪，可以改良猪群品种，提高猪场的生长繁殖性能。种公猪应体长背宽，皮毛光亮，眼大有神，四肢有力，特征明显，器官发达，性欲旺盛，精液量大且品质好，性情温驯，不攻击人畜。

2. 体况管理

适宜的体况对公猪的使用寿命和性欲都很重要。从后备公猪到整个配种期，需要长期持续进行体况管理。体况调节的目标是保持中等偏上的膘情，体质健康结实。主要通过饲喂计划和运动计划来完成。

（1）科学饲喂　玉米等各种原料要优中选优，严防霉败或低劣饲料原料混入日粮中。按照种公猪饲养标准配制日粮，必要时，配种期可添加5%鱼粉或奶粉。后备公猪尽量不要用生长育肥猪料（中大猪料），因为其中的矿物质含量不能满足后备公猪的沉积需求。体重达70kg开始，应选用专业的种公猪饲料，才能兼顾体成熟和性成熟的同步发育成熟。一般情况下5.5月龄开始，过渡到公猪料。公猪配种期，每天定时饲喂2～3次，可适当增加营养，比如生鸡蛋、中草药，促进性欲，改善精液品质。如果公猪太肥，需要减料，可以降低到1.5kg/d。总体三分饿、七分饱。选择适当营养浓度的饲料。浓度过高，需减少饲喂量，没有饱腹感；浓度过低，容易形成大肚子，影响体型，不利于爬跨。

（2）运动　种公猪适当的运动，除了能保持体况、避免肥胖、增强体质之外，还可以提高神经系统的兴奋性，增强性欲。一般在非配种（采精）期和准备配种（采精）期，需要加强运动量，而在配种（采精）期，适度运动。种公猪一般要求上午、下午各运动一次，每次运动1～3h，行走2～5km。规模小的猪场，一般由饲养员驱赶运动。对于公猪多的猪场，可考虑建造公猪运动场。运动场地建在净道一侧，设计成环形，配合狭窄的走道，使得公猪只能往前走，不能回头，避免公猪打架。这样可以几头猪同时运动，不用人看管。

3. 健康管理

（1）生活日程管理 对于种公猪必须安排规律的生活日程，如饲喂、饮水、放牧、日光浴、运动、刷拭、配种、采精、查情等。形成条件反射，让公猪自主配合，有利于减少应激，也降低工人劳动强度。

（2）皮肤健康管理 经常刷拭、冲洗猪体。在高温季节里，每天给公猪进行淋水、刷洗一次，有助于提高公猪生产性能及抗病力。其他季节，每天给种公猪按摩一两次，以促进血液循环，减少皮肤病和寄生虫病。刷拭的场所选择在背风向阳、地面高燥的空闲场地上，公猪可用铁刷子刷拭身体，一天两次，每次 0.5h 为宜。工作时保持与公猪的距离，不要背对公猪，用公猪试情时，需要将正在爬跨的公猪从母猪背上拉下来，这时要小心，不要推其肩、头部以防遭受攻击。严禁粗暴对待公猪，应使用赶猪板。

（3）肢蹄健康管理 适当的运动对提高肢蹄的结实度很有好处。保护猪的肢蹄，对不良的蹄形进行修剪，蹄部不正常会影响爬跨和配种。对圈舍、运动场、假母猪，都应做防滑处理，还需避免腐蚀和不平整路面损伤公猪蹄脚。尤其是深秋到初春季节，应尽量保证猪舍有足够的光照，减少病原含量，增加公猪抗病力，增加维生素 D 的合成与骨钙沉积，有利于增强肢蹄功能。

（4）防止咬架 种公猪必须单栏饲养，群养容易相互争斗，造成伤害。种公猪好斗，应避免任何场合无隔离的身体对峙。放牧、淋浴、运动等，都应时刻提防咬架。如果发生咬架，应立即用木板将公猪隔开，或者用水猛冲公猪眼部，将其撵走。但是，隔栏对峙，对保持雄性好斗的天性、提高公猪性欲是有帮助的。

（5）高质量的睡眠　公猪舍应安静舒适，有干净干燥的区域供其躺卧。避免噪声和强光刺激，及其他应激因素。只有充分休息才能保持旺盛的精力。

4. 配种环境管理

尤其是后备公猪，第一次配种（采精）非常重要，如果失败，可能产生自卑心理，影响性欲。第一次交配，应选择温驯的经产发情母猪或假母猪。配种需要安静的场所。一头成年公猪的圈舍面积应不小于 $6m^2$。如果在圈舍里交配，除料槽外，面积应不小于 $10m^2$。公猪圈舍应远离母猪舍，在母猪舍上风向位置。避免母猪的气味和声音刺激到种公猪，导致公猪自淫，影响种用价值。

5. 合理使用

公猪最早的性成熟时间是在 6～7 月龄，在性成熟前不能使用。公猪在 8 月龄后，中大型品种于 9～10 月龄，进行第一次交配（采精）比较适宜。公猪不能太频繁地使用，会影响精子的质量和种用寿命。关于种公猪采精频率，欧洲养殖业有资料推荐：9 月龄每周 2 次，12 月龄每周 5 次，更大的猪每周 6～7 次。我国多数资料推荐：9 月龄每周 1 次，12 月龄每周 2 次，更大的猪每周 3 次。总之，需要根据公猪的年龄、健康状况和本场的配种计划，来制订适宜的采精频率。对于不在配种期的公猪，为了保持其性欲和精子质量，至少每两周要采精 1 次。

6. 应激管理

尽量避免公猪患病，这会影响生产性能和精液质量。有的疫苗注射后，应激比较大，会造成精液质量降低。热应激会严重影响精子的质量，我国多数地区夏季气温比较高，因此每年 7—8 月，配种生产成绩不理想。现在用风机-水帘降温系统比较多，但是环境湿度大的情况下，降温效果有限。空调可以除湿降温兼顾，有较好的效果。其他猪群只要加大通风量能降低体感温度，就能有效降低热应激，而公猪睾丸在"体外"，需降低室温。建议在公猪附近，增加除湿机。

7. 人猪互动

在种公猪的饲养管理过程中，工作人员应尽可能多与公猪接触，培养公猪和人之间的互信，温柔对待公猪。训练公猪，让猪自主地配合日程安排，完成工作。对于提高人和猪的工作效率，都有积极帮助。

二、生长猪群管理

（一）哺乳仔猪管理

1. 哺乳仔猪免疫

一般哺乳仔猪要进行伪狂犬病、支原体肺炎、圆环病毒病、猪瘟的首免。1日龄伪狂犬病鼻腔喷雾免疫，4～7日龄支原体肺炎鼻腔喷雾免疫，10～14日龄圆环病毒病疫苗注射免疫，23～25日龄猪瘟细胞疫苗注射免疫。伪狂犬病可选用基因缺失苗，支原体肺炎可选用弱毒苗，圆环病毒病可选用灭活苗，猪瘟可选高效细胞苗。伪狂犬病和支原体肺炎免疫是通过鼻腔黏膜进行的，不受母源抗体干扰，均可用喷雾的方法进行鼻腔黏膜免疫，而圆环病毒病和猪瘟均可选用肌内注射方法进行免疫。

超前免疫也叫乳前免疫，是初生仔猪哺乳前先接种疫苗，经1～2h后再进行哺乳，以防止母源抗体干扰而建立自身免疫的有效方法。哺乳仔猪猪瘟的超前免疫程序为1日龄、25日龄、60日龄三次免疫，选用高效细胞苗，毒价30 000单元，免疫方法为吃初乳前1h肌内注射，每头每次1头份。伪狂犬病的超前免疫程序为1日龄、35日龄、70日龄三次免疫，疫苗多为双基因缺失苗或三基因缺失苗，免疫方法为首免鼻腔喷雾，用专门的喷雾器每鼻孔喷雾半头份;二免和三免均为肌内注射。伪狂犬病首次免疫为鼻腔喷雾的黏膜免疫,不受母源抗体的干扰;而猪瘟只能在断奶后免疫才不受母源抗体干扰。仔猪的超前免疫是预防猪瘟或伪狂犬病的有效措施,但超前免疫只能选其一。如 1 日龄选择做猪瘟病的超前免疫,则 2 日龄可进行伪狂犬病的喷雾免疫。如 1 日龄选择伪狂犬病喷雾免疫,则猪瘟的首次免疫需选在 25 日龄断奶后进行。

2. 哺乳仔猪吃好初乳

初乳是母猪分娩后 3 d 之内的乳汁,富含能量及抗体蛋白。初乳对于初生仔猪来说是必不可少的,不但可以增加能量,而且可以为仔猪提供被动免疫力。由于仔猪有固定乳头吸乳的习性,要在产后 4~6h 内进行人工辅助固定乳头,以仔猪自选为主,个别调整为辅。将弱小仔猪放在前中部,以弥补先天不足,以便整窝仔猪发育均匀整齐。

(1)产前母猪人畜亲和调教 母猪蹬上产床以后,每天两次,连续按摩乳房 5~7d,进行人畜亲和调教,以防产仔时母猪不让人接近。

(2)分批哺乳 仔猪出生后立即擦干羊水,清理身上的胎膜,用干燥粉进一步干燥。及时将干燥后的新生仔猪放到母猪身边吃初乳。分娩后 6~8h 内的初乳中抗体蛋白含量最高,将一窝新生的仔猪分为两批,按照体重大小分批,轮流吃初乳,可以有效提高仔猪的初乳摄入量。体重小的仔猪除了第一批安排吃好初乳外,每次吃奶时都要人工辅助,安排在胸部乳房进行吸吮。观察新生仔猪吃初乳的情况,检查仔猪是否获得充足的初乳;吃到初乳的仔猪腹部坚实,往往躺在乳房旁边并不吮乳。若先产小猪已经吃到初乳,把它们放到固定圈里,并用记号笔标记。必要时,可注射初乳。首先应检查仔猪吮吸能力,如果吮吸能力弱,可以用注射器饲喂。检查吮吸能力的方法是把一根手指放在仔猪口中，根据仔猪吮吸的表现判断其吮吸能力。

（3）收集母猪初乳 准备容量为 20mL 或 100～150mL 干净的容器。选择安静、泌乳好的 3～5 胎经产母猪，清洁乳房和乳头。彻底洗净双手，轻轻地挤压乳头根部，收集初乳于容器中，每个乳头 10～15mL，每头经产母猪共移取 80～100mL 的乳汁，最后 4 个乳头最好不收集初乳。如果不立即使用，封装为 20mL/头份，4～8℃冰箱中可保存 48h，冷冻可保存 4 个星期，保存的初乳饲喂时要预热。

3. 哺乳仔猪保温防压

初生仔猪头 3d 的死亡率占哺乳仔猪死亡率的 70%，冻死率占 60%，因此，新生仔猪头 3d 的看护十分重要。要把产房供暖、人员看护和新生仔猪断奶成活率与产房相关部门人员的奖金制度联系起来。做好产床防压护栏和保温箱的温度调控工作，产房要达到 18～20℃，保温箱达到 33～34℃，确保新生仔猪产后 3d 的保温防压效果。产床要有限位架及防压栏，以防止母猪起卧时对仔猪的挤压伤害。产后 0～3d，仔猪吸乳后，要及时赶至或放入保温箱内防压。弱小仔猪要辅助吸乳，给予重点看护，减少冻压死亡。

4. 微量元素的补充

（1）仔猪补铁 初生仔猪体内铁的贮存量很少，约每千克体重为 35mg，仔猪每天生长需要铁 7mg，而母乳每日仅能提供铁元素 1mg，若不给仔猪补铁，仔猪体内贮存的铁将很快消耗殆尽。给母猪饲料中补铁不能增加母乳中铁的含量，只能少量增加肝脏中铁的储备。目前最有效的方法是在仔猪耳后三指处与地面平行处或腿部肌内注射铁制剂，如培亚铁针剂、右旋糖酐铁注射液、牲血素等，一般补铁针剂为 10mL/支，每毫升中含铁元素

100mg。在仔猪 2～3 日龄一次注射 1mL。如 12 日龄尚不能补料，需肌内注射补铁针剂 1mL。

（2）仔猪补硒　严重缺硒地区，仔猪可能发生缺硒性下痢、肝脏坏死和白肌病，宜于生后 3d 内注射 0.1％的亚硒酸钠、维生素 E 合剂 0.5mL/头，10 日龄补第二针。

5. 剪牙断尾

（1）剪犬齿　仔猪生后的第一天，对窝产仔数较多，特别是产活仔数超过母猪乳头数时，可以剪掉仔猪的犬齿。对初生体重小、体弱的仔猪可以不剪。方法是用拇指、无名指、小拇指固定仔猪头部，打开其嘴巴，中指或食指放在仔猪舌下，避免伤及舌头；用消毒后的端平剪牙钳，一次性剪掉两颗犬齿。用手感觉是否剪平，犬齿剪不平的仔猪易出现牙龈感染，咬破母猪乳头。

（2）断尾　断尾的时间宜早不宜晚。如果仔猪的日龄过大，尾巴过粗，断尾操作的难度较大，创面较大，会增加感染概率。仔猪出生后 2～3d 断尾，尽量选择仔猪在吃奶或者饮水时。断尾操作时要尽量做到"快、准、稳"，防止仔猪挣脱而使仔猪和工作人员受伤，一般在距尾根 2.5cm 处断尾，以遮盖住母猪阴户为宜，涂上碘酒，防止感染。断尾会引起仔猪不同程度的应激，对于应激大的仔猪要及时隔离饲养，加强管理。

6. 仔猪去势

性成熟迟且在 5 月龄之前出栏的母猪可以考虑不去势，如养殖时间较长可考虑给母猪去势。在母猪 1～2 月龄或体重 5～15kg 时进行去势。方法是左手抓住小母猪左后肢，向外倒提，把猪头向右轻放着地，猪颈部放在右脚尖前面，让猪体右侧卧于地面，把猪左右腿向后拉直，左脚抵其右小腿上，右脚抵其颈部。切口部位一般在腹下左侧倒数第二个乳头外侧 1～2cm，并根据猪只大小，以肥向前、瘦往后、饱向内、饥向外的原则，选择切口位置。术部、手术刀和术者手指常规消毒后，切开皮肤、肌肉和腹膜，并轻轻向左右扩大创口，此时腹水涌出，随猪发出嚎叫声，腹压增大，只要术部准确，充分紧压术部外侧，子宫角和卵巢就自然会从腹腔脱出创口。子宫角不能立即涌出时，可将刀柄伸入切口内，使刀柄钩端在腹腔内呈弧形摆动，子宫角即可流出。当子宫角暴露到切口以外时，应立即放下右手的手术刀，以食指、中指和无名指三指并拢，以指尖合力压紧创口的右后缘，左手自然屈曲，并以食指第二指节的背面用力压紧创口的左后缘。此时重力压在左手及右手中指和无名指上，左手后三指和右手小指起协力作用。再用左手拇指和右手食指交替滑动，拉出两侧子宫角、卵巢和部分子宫体，并以左拇指压住，以右手捏住暴露部分的子宫体，左手捏住上端，将子宫角、卵巢及部分子宫体完全撕断后，左手将断端以食指和拇指捻转后再松手，目的是减少出血。随后提起猪的左后肢轻轻摇动一下，或用手捏住切口，皮肤拉一拉，防止肠管嵌叠。切口用5%的碘酊涂擦。

不去势的公猪难以育肥管理，而且肉的膻味较大、品质差。仔公猪一般在3～5日龄去势，有母源抗体辅助，恢复快，损伤小。剧烈追赶而逮住的猪不应该立即施行手术，待呼吸平稳后再进行。去势时，配合使用抗感染药物，一般选用阿莫西林制剂，每天灌服2次，连用3d。仔猪去势期间，具体操作如下：

（1）手术前做好产床的卫生消毒工作　准备5%碘酒、消毒好的刀柄及刀片、酚磺乙胺（止血敏）、干净的工作服。时间选择在上午8：00—9：00。一般下午不去势，因为不容易观察。

（2）观察仔猪整体健康状况　如果大面积发病，要延迟手术。饲养员辅助抓猪，观察有无阴囊疝，避免手术时肠管露（漏）出。病弱猪不去势。

（3）倒提仔猪夹在双腿之间固定　松紧适中，太紧易引起出血。在阴囊下方涂抹碘酒消毒。用左手掌外侧将两后肢向前方推压，用中指前端抵住阴囊颈部（即睾丸的精索端），同时用拇、食指对压固定睾丸，使睾丸的阴囊皮肤紧张。

（4）固定睾丸　取阴囊中线开口，开口长与睾丸横宽相同。采用执笔式持刀法，可分层开口，也可以一次性开口。

（5）切开阴囊，分离睾丸系膜及阴囊韧带　开口后挤出睾丸，右手放下手术刀，拇指、食指捏住阴囊精索和输精管，其余三指和掌部捏住睾丸，左手拇指、食指撕裂睾丸系膜后，扯断阴囊韧带（大公猪可以用剪子剪断），并将总鞘膜及韧带推入阴囊内，同时挤压阴囊皮肤，充分显露睾丸和精索等。用刀挑断白筋，用手捻断红筋，完整地摘除睾丸和附睾，切忌硬拉。

7. 调教饮水和开口诱食

从小猪 1 周龄左右开始调教其使用自动饮水器饮水。仔猪出生后，体重和所需营养物质与日俱增，而母猪的泌乳量在产后 3 周达到高峰，后逐渐下降。一般 12 日龄左右仔猪开始诱食，只要在哺乳期吃到 400g 日粮，即可避免断奶后消化不良性腹泻的发生。哺乳仔猪开口料中的玉米、大豆、大米等原料要经过膨化处理，加入乳清粉、鱼粉、肉骨粉等优质蛋白原料和微生态制剂等。刚开始诱食可在仔猪料槽中少量撒布一些开口料，诱导仔猪拱食，随着仔猪采食量的增多而加大饲喂量。

8. 断奶

断奶是猪只一生最大的应激。哺乳仔猪的断奶时机为已吃到 400g 左右的开口料，母猪的体况为七成膘。可以先将母猪赶下产床，留下仔猪在产床上，待第 3 天猪瘟免疫后，再饲养 2d 即可转至保育舍。仔猪容易出现断奶应激，最直接的表现是仔猪生长受阻，可能持续几个小时，也可能长达 1～2d，甚至 7～9d，处理方法见表 3-25。

表 3 - 25　仔猪断奶应激综合征

表现	主要原因	操作清单
营养应激	食物来源变化	选择适口性、消化性好的断奶过渡料（教槽料）
	营养组成变化	早期补饲，保证断奶前吃到足够的教槽料（每头仔猪的有效采食量大于 360g）
环境应激	圈舍变化与饲养人员变化	断奶后仔猪可原圈饲养 5～7d
	温湿度变化	尽量保持保育舍环境与哺乳舍相近
心理应激	母仔分离、调栏、混群等	提高断奶日龄（25d 左右）
	让仔猪更不安	转群和分群时尽量维持原圈饲养

9. 小体重仔猪管理

初生体重较轻的猪采取寄养、多吃初乳、增喂牛奶等措施，仍会上市轻或推迟出栏的小体重仔猪的改善措施：从营养着手，喂液态代乳料；使用科学的采食器，最好的饲喂系统是杯式给食器；合理淘汰，如将新出生的弱小乳猪直接加工成烤乳猪。

（二）保育猪管理

保育猪即断奶仔猪，断奶后可能会出现不同程度上的应激综合征，需要饲养人员加强管理，尽可能让保育猪健康成长。

1. 选择健康强壮的保育猪

提高仔猪存活率要选择健康强壮的仔猪。最好是养殖场内自繁自养的仔猪，如果从外场购买仔猪进行保育，需要选择手续齐全、没有疫病发生的正规养殖场，并且确保养殖场疫病防控措施到位。

2. 科学转栏及分群

傍晚时分，仔猪情绪较为稳定，最好此时进行转栏和分群。在分群时可以将同一窝的保育仔猪或者体重、生长发育水平相似的保育猪分到同一栏进行饲养，能够保证整群仔猪的长势较均匀，减少疫病的发生，也好安抚仔猪情绪。体质较弱的仔猪应该单独分群饲养，还可以推迟断奶时间或延长转栏时间，增强仔猪体质，待其健壮后，再进行转栏或分群。保育仔猪饲养管理关键控制点见表3-26。

表3-26 保育仔猪饲养管理关键控制点

项目	检查清单
进猪前栏舍准备	100%全进全出，做好栏舍消毒（彻底消毒）
	空栏5~7d，进猪前保持栏舍干燥
	设备维修（料槽、饮水器、保健桶、降温或保温设备）
	仔猪转入保育舍前，保育舍保温工作及保健桶抗应激药物准备到位
	用具及药品准备
分群	分栏时，尽量原窝仔猪同栏（降低应激、减少打斗、病原传播）
	将残次仔猪与健康仔猪分开喂养（每栋空出2~3个保育栏用于仔猪单独护理）
	按照大小分栏（注意防止仔猪打斗）
调教（三定位）	定吃：进猪前在采食区和睡觉区撒上饲料，并适度驱赶乱排仔猪
	定睡：睡觉区保持干燥（冬天需用保温板等保温）
	定排：在排便区用水冲洗
饲喂	猪群转入时，保证充足干净的饮水（添加抗应激药物），当天不喂（或少喂）
	转入保育舍后前5d，少喂多餐，适当控料（防止暴饮暴食出现的营养性腹泻）
	病弱猪或不食仔猪及时单独护理（湿料饲喂或单独灌服）
	正常采食后，保证每日空槽至少1次（至少1h）
	换料循序渐进（过渡期3~5d）增加比例
	猪群转出前一餐停喂（减少应激）

（续）

项目	检查清单
管理	做好栏舍保温工作（温度适宜） 保持舍内空气清新，做好保温与通风平衡 及时清理粪便（上、下午各1次），保持栏舍干燥、卫生 严格执行仔猪免疫与驱虫方案 每日巡视，病猪及时治疗、隔离，无价值的及时淘汰

3. 营养搭配日粮

保育猪的饲料配方需要根据不同年龄阶段的营养需求配制。仔猪刚断奶时，胃肠消化功能较弱，此阶段需要提供营养充足且易于消化的保育料。当仔猪体重生长至8～9kg时，需要适当提高饲料中蛋白质的含量。当仔猪体重达到15kg以上时，可以将精饲料更换为粗饲料，适当降低养殖成本。饲料更换需10d左右的过渡期，每天按照10%的比例减少哺乳猪饲料，逐渐增加断奶料。第一周继续饲喂哺乳仔猪开口料，采取少量多餐，每天饲喂5～6次。第二周哺乳仔猪开口料和保育仔猪料各占50%，减少应激。经过前两周的逐步变料处理，第三周全部饲喂保育仔猪料，仔猪自由采食。

4. 保育猪的疫病防控措施

（1）保健驱虫 仔猪断奶前期，可以在饮水中添加支原净以及维生素，预防呼吸系统疫病。仔猪疫苗接种期间，可以在饲料中添加维生素，能够有效减少免疫应激。保育猪的饲料中适当添加有机酸或者外源性酶，提高保育猪的胃肠动力和抵抗力。

保育阶段有2个保健用药和一个驱虫用药。保健用药一个是断奶后第1周，选用紫椎菊制剂对保育初期离开母源抗体保护阶段至关重要，减少疫病混感症的发生。另一个是在饲料中添加马齿苋、车前草，马齿苋可有效预防肠炎下痢、仔猪白痢等消化道感染，车前草对预防呼吸道系统感染具有良好的预防和保健效果。驱虫用药是 40 日龄后连用一周芬苯达唑伊维菌素制剂。保育仔猪的保健用药和驱虫用药均采用拌料方法喂服；如为颗粒料，则须将药物兑水，然后用喷壶均匀地喷洒在饲料上，边翻边喷即可均匀沾在料面上。

（2）及时淘汰患病猪 要及时隔离或淘汰患病猪，切断猪场内的传染源，保证猪群整体的健康水平。

（3）免疫接种 免疫接种是目前养殖生产中预防和控制疫病最有效的方式。保育阶段主要是在 35 日龄进行伪狂犬病二免，60 日龄进行猪瘟二免，67 日龄进行口蹄疫 AO 型首次免疫，至于圆环病毒病、蓝耳病的免疫根据猪场疫情而定。伪狂犬病免疫可选用双基因缺失苗，肌内注射方法，每头 15 头份，口蹄疫免疫可选用 AO 二联灭活疫苗，肌内注射方法，每头 2mL，猪瘟免疫可选用高效细胞疫苗，肌内注射法，每头 15 头份，圆环病毒病、蓝耳病的免疫可选用化验检测确定的适宜产品。猪瘟、伪狂犬病疫苗仍与首次免疫所用疫苗一致即可。

（三）生长育肥猪管理

仔猪保育结束进入生长舍饲养，直至出栏这一阶段称为育肥猪。一般为 16.5 周（70～180 日龄）。育肥猪是生猪饲养周期中生长发育最快的阶段，也是发展生猪养殖的最终目的。育肥中心任务就是根据猪的生长规律，进行科学的饲养，以最少的时间，最少的饲料，最大限度地获得生猪产能，从而提高养猪生产的经济效益。

1. 分群管理

生长育肥猪一般采取群饲。分群时，除考虑性别外应把来源、体重、体质、性情和采食习性等方面相近的猪合群饲养。根据猪的生物学特性，可采取"留弱不留强，拆多不拆少，夜并昼不并"的办法分群，加强新合群猪的管理、调教工作，如在猪体上喷洒少量来苏儿药液或酒精，使每头猪气味一致，避免或减少咬斗，同时可吊挂铁链等小玩物来吸引猪的注意力，减少争斗。分群后要保持猪群相对稳定，除对个别患病、体重差别太大、体质过弱的个体进行适当调整外，不要任意变动猪群。每群头数应根据猪的年龄、设备、圈养密度和饲喂方式等因素而定。

2. 加强调教

保持圈舍卫生，加强猪群调教，训练猪群吃料、睡觉、排便"三定位"；干粪便要用车拉到化粪池，及时清扫地面，保持干净。生长育肥猪饲养管理关键控制点见表3-27。

表3-27 生长育肥猪饲养管理关键控制点

项目	检查清单
进猪前栏舍准备	100%全进全出，做好栏舍消毒（彻底消毒）
	空栏5~7d，进猪前保持栏舍干燥
	设备维修（料槽、饮水器、降温或保温设备）
	用具及药品准备
分群	分栏时，尽量原窝仔猪（降低应激、减少打斗、病原传播）
	将残次仔猪与健康仔猪分开喂养（每栋空出2~3个保育栏用于仔猪单独护理）
	按照大小分栏（注意防止和处理仔猪打斗）
调教（三定位）	转入前3d，训练猪群定吃、定排、定睡
饲喂	猪群转入时，保证充足干净的饮水（添加抗应激药物）
	自由采食（日喂2~3次），30~60kg（10~16周龄）猪饲喂小猪料，每天采食量1 900g；60~90kg（16~21周龄）猪饲喂中猪料，每天采食量2 400g；90kg至出栏（21~26周龄）猪饲喂大猪料，每天采食量3 200g

（续）

项目	检查清单
饲喂	正常采食后，保证每日空槽至少 1 次（至少 1h）
	换料循序渐进（过渡期 3～5d），逐渐增加比例
	注意饲料浪费
管理	做好栏舍保温工作（或降温工作）
	保持舍内空气清新，减少舍内粉尘，做好保温与通风平衡
	保持合理的饲养密度
	及时清理粪便（上午、下午各 1 次），保持栏舍干燥、卫生
	每日巡视，病猪及时治疗、隔离，无价值及时淘汰

3. 保健、驱虫

驱虫保健用药是提高猪群抗病力和降低致病力的重要措施。猪丹毒、猪肺疫、传染性胸膜肺炎、猪肺炎支原体、猪副伤寒、猪副嗜血杆菌病、体内外寄生虫等是育成、育肥阶段易发病，故一般在育成、育肥期，每月进行一次保健用药和驱虫用药。保健用药可在饲料中添加 2％～3％的蒲公英粉剂、2％的艾粉。蒲公英粉剂具有清热解毒、散结消肿、凉血利尿、抗菌等功效，能健胃、强体、增加食欲及促进育肥期生猪生长。艾粉含有芳香油，营养价值高，能促进血液循环，增强代谢，改善肉质，并有抗菌作用。而驱虫药物选用复方伊维菌素制剂即可。保健驱虫是将药物拌入饲料中饲喂，如果饲料为颗粒型时，须将药物用水溶化，喷洒在颗粒料上，边喷边拌，药物均匀留在料面上即可饲喂。驱虫药多选伊安诺等伊维菌素复方制剂，而抗菌药要注意复方增效、口服吸收、轮换使用等原则，防止耐药性的产生。

第四章
生物安全防控

养重于防、防重于治，适用于畜牧业。猪场生物安全是集约化养殖的一项系统工程，它要求有一定的重视程度和执行力度，以降低感染病原的风险。构建养猪场生物安全体系的主体必须是养猪场，养猪场的主要任务是构建场内生物安全屏障，只有当每一个养殖场都构建起有效的生物安全屏障，重大动物疫病的传播途径才能被彻底切断，重大动物疫病才能得到控制。

生物安全体系对猪场来说其实是一个环境问题，涉及养猪的全过程，猪场的大环境、小环境和微环境都是生物安全体系的涉及范围。

第一节　限制媒介传播

一、猪场鼠害控制

鼠是多种传染病的传播媒介和传染源，特别是伪狂犬病病毒的携带者。鼠会损害饲料、破坏猪舍设备（如电线等），可能会导致重大生产事故的发生，造成严重的经济损失。据研究，鼠每天采食量约25g，主要以饲料为食物来源，每只老鼠一年损害饲料约9kg。因此，控制鼠害是猪场一项重要的生物安全措施，要定期和不定期地进行灭鼠工作，将鼠的数量降至最低。

（一）猪场常见鼠的特征

我国有 170 多种鼠，其中南方有 32 种，能造成危害的主要有 4 种，猪场常见的有 3 种，其特征见表 4-1。

表 4-1　猪场常见鼠的特征

项目	褐家鼠	黄胸鼠	小家鼠
体型	较大	中等	小
腹毛颜色	灰白色	灰黄色	灰白色
尾长∶体长	尾长＜体长	尾长＞体长	尾长约等于体长
耳朵	短，向前不及眼部	长，向前及眼部	小
主要生活习性	通常在地面以下活动；觅食活动范围 30～50m；杂食，但偏好谷物；警惕性高，对环境中新出现的食物有回避行为	喜攀登，多居于建筑物的上层及断裂层；觅食活动范围 30～50m；杂食，但以植物性食物为主	主要活动于居民住宅区的室内及四周环境，具有迁移习性，每年 3—4 月时从室内到室外，作物收获后从室外到室内，为杂食动物，但主要以植物性食物为主

（二）猪场鼠害控制程序

1. 猪场建设及相关管理

猪舍周边要铺设至少 80～100cm 宽的碎石环线。猪场和饲料厂禁止养猫捕鼠，但可以使用捕鼠笼。猪舍电线最好穿管，猪舍门最好有挡鼠板。定期清除猪舍或饲料厂杂物及周边杂草、垃圾。

2. 调查鼠的种类

夜间用手电筒观察鼠，主要区分身材苗条鼠（黄胸鼠）和身材短粗鼠（褐家鼠）的比例。调查地点在鼠洞、鼠道、鼠栖息和鼠经常活动的场所。一般沿墙边、墙角、杂物堆、下水道口、仓库、楼阁等处的鼠路、鼠洞或鼠经常出没处投放毒饵。通过毒饵数量的减少确定投饵主要地点，并标记地点。

鼠害密度评估可用粉迹法，用阳性粉块率来表示鼠密度。方法是将滑石粉装入特制的布粉器内布粉，每个粉块面积为$20cm \times 20cm$，粉块厚度为$1 \sim 2mm$。室外环境，沿建筑墙基每间隔$5 \sim 10m$布1块粉。室内，每间房（$15m^2$左右）沿墙基布两块粉。对布粉单位、地点等应做好记录。夜间布粉块，次晨检查。粉块上有鼠足迹或尾迹者，为阳性粉块。

$$粉块阳性率＝阳性粉块数÷有效粉块数\times100\%$$

3. 灭鼠

目前控制鼠患最有效的还是投放毒饵，通过投放毒饵的方法达到灭鼠的目的。药物选择安全、有效、使用方便的，市场上常见的有0.75%杀鼠醚追踪粉和氟鼠醚。毒饵选择鼠类喜爱的食物，如养殖场应以粮食型饵料为主，接近害鼠常规食物；饲料厂选择水分含量较高、新鲜没变质的食物，如新鲜玉米应先破碎$2 \sim 3$瓣。毒饵配方有：①碎玉米550g、碎麦粒350g、食糖50g、0.75%杀鼠醚追踪粉50g；②玉米面17份（1 700g）；食糖1份（100g）；植物油1份（100g）；0.75%杀鼠醚追踪粉1份（100g）；③颗粒料（10份）、粉料（5份）、稻谷（5份）、熟芝麻（0.2份）、0.75%杀鼠醚追踪粉（1份）、猪油渣若干。

选择近1周天气晴朗的时间。室内投饵点，选择门两旁堆放饲料的四个角落，房间的四个角落，吊顶的电线下方，杂物较多且有鼠粪的地方，舍内管道的上方等。室外投饵点，选择风机边上（不要放在风口）、水帘下方的两侧、刮粪机边上、墙角、杂物较多的地方，水沟边上等。鼠类活动频繁区域，如圈舍、饲料塔和原料库等，每隔$5 \sim 10m$设置一个投饵点，在外环境沿墙根每$10 \sim 15m$设一个投饵点。户外有老鼠的场所靠墙投放饵料，若 2～3d 毒饵没有减少，更换投饵点。投饵 3d 可以捡到死鼠，7d 效果明显，灭鼠周期为 21d。

灭鼠效果以灭鼠前后鼠密度的变化来表示，常用的指标是灭鼠率。灭鼠前、灭鼠后鼠密度需各连续检测 3 次。灭鼠率≤3％为合格。

灭鼠率＝(灭鼠前鼠密度－灭鼠后鼠密度)÷灭鼠前鼠密度×100％

二、猪场蚊、蝇、蜱控制

蚊、蝇、蜱、虱等是猪场疾病的传播者，如库蚊能传播日本脑炎。使用杀虫剂能控制孑孓及成蚊、蜱、蝇，减少猪场传染病的发生。

(一) 环境蚊害控制

时间选择在蚊害滋生季节，一般从 4 月或 5 月开始。使用除草剂清除猪舍周边杂草，用泥土将小型常年积水坑填平。使用 1％双硫磷颗粒剂控制猪场及养殖户猪舍环境，以及水泡粪水体蚊害。水泡粪按高度污染水体用量进行，每平方米施用 2～5g。猪舍周边水体按中度污染水体进行，每平方米施用 1～2g。如果猪场周边有大量蚊虫，按 1∶1 000 倍或说明书用法使用敌敌畏，喷洒草丛、树林，快速杀灭蚊虫，降低蚊虫密度。敌敌畏的使用必须由专人负责，操作者戴手套和口罩。

(二) 猪舍内蚊害控制

猪舍可使用力高峰或灭蚊棒香控制蚊害，使用敌百虫时不得接触碱性溶液，如烧碱溶液、碳酸氢钠溶液，操作员工不得使用肥皂洗手。将力高峰配制成 0.15％浓度的溶液（按有效成分敌百虫计）。使用电动喷雾器喷洒到苍蝇停靠区，如屋顶、门窗、纱窗、灯具周围、围栏、地面、猪舍走道。可喷洒于成年猪包括妊娠母猪的体表，但禁止喷洒于未断奶仔猪体表。

三、猪舍内苍蝇、蟑螂控制

使用速克力控制猪舍内苍蝇和蟑螂。按每升药水喷雾面积 $75m^2$，药水用量等于猪舍面积除以 75。每升水加速克力 5g，因此药物使用量等于药水用量乘以 5。取自来水，装入电动喷雾器，加入杀菌剂，搅拌至溶解或混悬，主要喷于苍蝇停靠区，如屋顶、门窗、纱窗、灯具周围。喷洒后 7d 不要冲洗和擦拭，保留药物。每周最多使用 2 次，每次间隔至少 3d。

四、猪场犬、猫的控制

犬、猫和其他动物可能携带危害猪群健康的病原。未经定期免疫和驱虫的犬、猫也容易给猪场猪只带来弓形虫、钩端螺旋体、蛔虫、绦虫、钩虫和鞭虫等寄生虫疾病和跳蚤等害虫，所以场内禁止饲养犬、猫等动物，也尽量阻止其出没于猪场周围。

（一）外围管理

猪舍大门保持常闭状态，密闭式大门与地面的缝隙不超过1cm。猪舍外墙完整，除通风口、排污口外不得有其他漏洞，并在通风口、排污口安装高密度铁丝网，防止野猫、野犬或其他野生动物进入。禁止种植攀墙植物。定期巡查猪场周边，驱赶野猫、野犬等野生动物，防止其靠近猪场生物安全防控线范围。

（二）场内管理

场内禁止饲养宠物，发现野生动物及时驱赶和捕捉。清除猪舍周边杂草，场内禁止种植树木，减少鸟类和节肢动物生存空间。及时修补吊顶漏洞。

（三）环境卫生

清扫猪舍、仓库及料塔等散落的饲料。做好厨房清洁，及时处理餐厨垃圾，避免给其他野生动物提供食物来源。做好猪舍、仓库及药房等卫生管理，杜绝卫生死角。

第二节　清洁和消毒

通常将猪场划分成隔离办公区、生活区、生产区、环保及无害化处理区，实行分区管理。每个区域应用物理隔断（通常是围墙）划分，出入口由消毒通道相连，由低生物安全级别区域进入高生物安全级别区域需进行洗澡、换衣鞋、消毒等生物安全措施。为了避免连续生产批次之间的循环传播，应对栏位进行彻底清洁和消毒。

一、清洁

清洁指用物理方法去除存在于某些部位的有机物和生物膜，以便于消毒剂能更有效地消灭病原。清洁分干清扫和湿洗。清洁剂分为酸性、碱性或中性物质，清洁效果见表4-2。

表4-2　清洁剂类别及清洁效果比较

| 目标物 | 酸性清洁剂 | 中性清洁剂 | 碱性清洁剂 |
	pH<6.5	pH 6.5~7.5	pH>6.5
微生物	好	差	中
无机物	好	差	差
有机物	中	中	好
脂类物质	中	好	好

二、消毒

消毒是生物安全的重要一环。猪场需制订消毒方案及管理制度，确保消毒到位，以防疫情发生。但消毒剂品种繁多，使用方法不同，消毒效果差别大，应理性选择消毒剂。

(一) 消毒剂种类

(1) 碘制剂类 目前常用的有聚维酮碘和碘伏。碘制剂杀菌效果好，能杀灭细菌、病毒、原虫、霉菌及芽孢等。缺点是容易见光分解，所用产品需要避光保存。猪场常用碘制剂对皮肤、伤口、人员手部、圈舍空栏、车辆、用具等消毒。

(2) 醛制剂类 戊二醛与甲醛比较常用。戊二醛气味淡，多用于环境和猪体表消毒。甲醛比较刺激，杀菌效果、渗透能力比较强，多用于浸泡和熏蒸。

(3) 卤素类 漂白粉、次氯酸钠等比较常见，优点是药效较强，对细菌、病毒、芽孢都有效；缺点是刺激性太强，且易挥发，常用于饮水消毒。

(4) 季铵盐类 季铵盐戊二醛类比较常用，无刺鼻味、性温和、安全性较高、低腐蚀性，对细菌、病毒皆有效，但渗透力差。生产中常用于人员洗手，带猪消毒，圈舍栏、车辆、料槽及用具等的消毒。

(5) 过氧化物类 过氧乙酸、过氧化氢与臭氧比较常用，对细菌、病毒、霉菌及芽孢等都有杀灭效果，但有刺激性酸味，会引起猪打喷嚏，且易挥发，对栏舍有一定的腐蚀性。此类消毒剂常用浸泡、喷洒、涂抹等方式进行消毒，避免了刺激的缺点。过氧乙酸的杀菌能力最强，被广泛使用。但属于易燃易爆品，应注意存放管理。

（6）碱类 生石灰、烧碱比较常用，渗透能力强，可快速渗入有机物杀灭细菌、病毒、虫卵。缺点是有腐蚀性，通常不用于皮肤直接接触的环节，适用于路面消毒，如烧碱不能用于带猪消毒，需空栏使用，且在进猪前尤应注意清洗圈舍，避免灼伤猪蹄及皮肤。碱类廉价、渗透能力强，并且稳定，因此常用。

（7）石炭酸（酚）类 有石炭酸、复合酚等。酚类消毒剂价廉、渗透力强，对霉菌、细菌有一定的作用，但杀灭病毒、芽孢的作用较弱。有刺激性气味和腐蚀性，不易降解，常用于外环境，如猪场大门口、排污沟等。

（8）醇类 75%酒精比较常用。医用酒精易燃，不适于环境消毒，而多用于对皮肤、器械（包括注射针头、体温计）的消毒。

（9）表面活性剂类 有新洁尔灭等。新型碱性泡沫消毒剂由表面活性剂、碱性清洁成分及络合剂等构成，泡沫细腻、黏附力强，双重渗透，去污力强，对金属无腐蚀性，主要用于圈舍、笼具、托盘、护栏等的清洗消毒。

（10）盐类活性氧消毒剂 过硫酸氢钾复合盐（卫士、卫可等）比较常用。其在水中分解为次氯酸钠和二氧化碳，稳定、低毒、无残留、高效、广谱、无刺激、安全性高，能在 5min 内杀灭病毒、芽孢、支原体、细菌、真菌、霉菌等病原微生物。过硫酸氢钾复合物溶液有柠檬味，为红色，加入食盐后，颜色由深变浅甚至无色，证明产品是正品；如果加入食盐后不变色，证明为假冒伪劣产品。该产品不仅可用于环境消毒，还可用于与人或动物直接接触的环节。

（二）消毒方法

1. 消毒方法类别

常用的消毒方法有物理消毒、化学消毒和混合消毒，见

表 4-3。

表 4-3　不同消毒方法类别与适用范围

类别	消毒方法	灭杀病原体方式	适用范围
物理消毒	紫外线消毒法	紫外线照射	物体表面和空气
	焚烧消毒法	火焰焚烧	垃圾、污物、耐高温物体
	煮沸消毒法	水中加入1%~2%碳酸氢钠，煮沸	金属制品和耐煮物品
	干热消毒法	干热灭菌器（160℃）	实验室器皿、金属器械等
化学消毒	喷洒法	消毒液喷洒物体表面	地面、墙壁、猪体表等
	喷雾法	气雾发生器将消毒液制成雾化粒子	猪舍内空气、猪体表、带猪消毒
	熏蒸法	在密闭的猪舍内生产消毒剂气体	猪舍内空气、缝隙、舍内物品
	生物热消毒法	微生物发酵产热	粪便、垫料
混合消毒	干粉消毒法	物体作用联合化学作用	物体表面、猪体表等

2. 理性使用消毒剂

影响消毒效果的因素主要有温度、湿度、pH，金属、有机物的存在，消毒时间及消毒剂的配比、用量，消毒次数等。不同对象的消毒剂选择见表 4-4。消毒应选择广谱、高效的消毒剂。注意消毒剂的配伍，避免酸碱中和，如肥皂不宜与酸性消毒剂同时使用。消毒药每 3~5d 更换 1 次，更换太频繁会导致细菌、病毒产生耐药性。消毒剂要严格按配比使用，并注意配制水温、环境温湿度、消毒次数等。确定消毒剂的剂量，先确定圈舍地面的面积（舍内长度×宽度），将圈舍地面的面积乘以一个倍增系数来表示圈舍墙面、天花板和地面的总表面积（根据经验，倍增系数可设定为 3），按照 4m²/L 的需水量标准，确定总用水量，根据生产商的指导说明，测算出消毒剂的用量。消毒剂配制水温根据猪日龄和季节确定。仔猪阶段和冬季消毒剂配制水温一般控制在 30～45℃，夏季大猪可用自来水或深井水配消毒剂。通常消毒环境湿度控制在 60％～70％，温度控制在 10～30℃。猪场办公区、宿舍等区域平时每周消毒 1 次，卫生间、食堂、餐厅等每周消毒 2 次，周边疫情暴发时每天消毒 2 次。

表 4-4　不同对象的消毒剂选择

类型	应用范围	推荐消毒剂种类
道路、车辆	生产线道路、疫区及疫点道路	氢氧化钠（烧碱）、生石灰、含氯消毒剂
	车辆及运输工具	过氧乙酸、次氯酸、二氧化氯等含氯消毒剂、酚类
生产加工区	大门口及更衣室消毒池、脚踏池	氢氧化钠、含氯消毒剂
	猪舍建筑物、围栏、木质结构、水泥表面、地面	次氯酸等含氯消毒剂、季铵盐类、过氧乙酸、过硫酸氢钾类
	生产、加工设备及器具	次氯酸、二氧化氯等含氯消毒剂、过氧乙酸、季铵盐类、过硫酸氢钾类
	环境及空气消毒	次氯酸、二氧化氯、过氧乙酸
	饮水消毒	季铵盐类、过硫酸氢钾类，次氯酸、二氧化氯等含氯消毒剂
	人员皮肤和手消毒	含碘类、次氯酸、乙醇＋氯己啶
	衣、帽、鞋等	含氯消毒剂、过氧乙酸、2.0％碳酸氢钠溶液（煮沸）
办公、生活区	疫区内办公室、宿舍、公共食堂等场所	次氯酸等含氯消毒剂、过氧乙酸、过硫酸氢钾类
人员、衣物	出入人员、隔离服、胶鞋等	次氯酸等含氯消毒剂、过氧乙酸、过硫酸氢钾类

三、关键场所、关键环节的消毒程序

1. 新建猪舍清洁、清洗与消毒标准操作程序

（1）检查并打磨猪舍地板上粗糙、尖锐的水泥物，锐利的铁器，特别是缝漏地板的漏缝处。

（2）清扫猪舍，将水泥渣等杂物全部清除。

（3）采用 1∶200 过氧乙酸溶液消毒猪舍，按每 $3m^2$ 面积使用 1.5～2L 消毒水进行。

（4）采用 1∶（100～200）过氧乙酸溶液浸泡水线 24h。

（5）拆卸饮水器，放净水线中的脏水，并用清水将水线清洗干净。

（6）安装饮水器，并调整高度满足进猪要求。

（7）检查与采样检测病毒。

（8）将用具放入猪舍，熏蒸消毒。

（9）对整个猪舍包括天花板打泡沫消毒，关闭猪舍门窗，空舍 2～3d。

（10）进猪前用热风炉加热猪舍，通风干燥，或自然干燥。

2. 空舍清洗消毒标准操作程序

空舍清洗消毒是指将饲养的全部猪转出房间而进行的清除、清洁、清洗和消毒工作，是实行全进全出管理制度最基本的工作，是切断传染病的重要技术措施。

（1）空舍清洗消毒标准操作程序

①准备：将不用的电源插座用塑料袋包好，防止进水；清除猪舍所有栏内的有机物，包括料槽中的饲料，可以移动的设备和杂物移出舍内，如饲喂垫、可拆卸的料槽、保温箱、保温板等；用冲洗机将猪舍各处包括墙壁打湿。

②预浸泡：使用专业泡沫枪将碱性泡沫洗涤剂泡沫覆盖整个

猪舍，包括天花板、墙壁、食槽等，仔细检查不留空隙，作用至少30min。或用3％烧碱水泼洒猪舍栏地面、隔栏、食槽、1m以下墙面、过道，每平方米面积至少使用1L 3％烧碱水，或最好使用发泡枪将碱性泡沫清洗剂覆盖猪舍天花板、墙壁、地板等处，至少30min。

③高压冲洗：用扫帚清扫猪舍一遍后，再用高压水枪自上而下彻底冲洗猪舍。或直接使用高压水枪冲洗，要求是自上而下、全面进行，重点针对地板、料槽等容易藏污纳垢之处。风扇可使用毛巾进行擦拭。

④检查：猪舍清洗检查合格后方能进行后续操作，检查不合格，重新按预浸泡和高压冲洗操作进行，直至检查合格。

⑤晾干：过夜或开风机吹干水分。

⑥消毒：初次消毒可使用泡沫消毒或雾化消毒。泡沫消毒法是使用发泡枪将泡沫均匀覆盖墙壁、地面、隔栏、设备表面，作用20min后用水冲洗干净后晾干。如果有条件可使用雾化消毒法。计算猪舍消毒体积，关闭门窗，如有缝隙，可采用纸或不干胶封住，使用戊二醛或过硫酸氢钾。戊二醛法是使用1：400浓戊二醛溶液，按每立方米体积1mL浓戊二醛溶液加水20mL制成5％浓度。过硫酸氢钾法是按每立方米体积100mL 1：100过硫酸氢钾复合盐溶液用量。全部雾化后关闭门窗，消毒24h后使用。

⑦空舍干燥：最好3d时间。如果猪舍紧张，使用热风机烘干至少5h。

地板磨损的猪舍，尤其是分娩舍，在清扫和消毒之后用石灰水刷一下地板。由于石灰水具有强烈的刺激性，处理时请戴护目镜和手套。将烧石灰与水充分混合，使其成为浅色乳膏状的黏稠物。使用家用软刷将石灰水覆盖在分娩舍地板上。让地板空置

48h，以便风干。在石灰水未干时不要让猪进入猪舍。

（2）水线处理　打开水线，彻底排出管线中的水，用1∶（200～300）卫福星溶液灌入水线，排除水线中空气。按压最远端饮水器，流出清水，观察是否有消毒液，如带有泡沫。然后逐栏按压排出清水，确保每一个饮水有消毒液；一旦水线充满消毒药液，作用至少3～24h以上。拆卸最远端饮水器，用高压水枪冲洗水线，将水线的生物膜全部冲洗干净，直至流出清洁的水。拆卸所有饮水器，清洗干净，然后全部安装好。进猪前一天，开启水线，按压末端饮水器，排出空气，检查每一个饮水器的流量是否符合要求。

（3）猪舍清洗检查程序　检查每个猪栏的地板有无猪粪、猪毛和陈旧性粪污；检查料槽底部、墙壁、风扇、料车底部、门窗、走道是否清洁干净。随机抽检每栋猪舍至少50%栏漏缝板下面是否干净，用白纸擦拭。

3. 猪场内、外道路及舍外环境消毒操作程序

猪场内道路是指猪场大门区域、隔离区、生活区、生产区的交通道路。猪场外道路是指围绕猪场周边3km范围与猪场直接相通的交通道路。其中，高风险区段指猪场内、外靠近病死无害化处理区域、出猪台区域、猪场大门区域、洗消中心等车辆来源复杂频繁区段且接近猪场和人员进出之外的道路和区域；低风险区域是指仅有社会车辆经过的区域，与猪场生产区有一定距离的道路或猪场内远离出猪台和无害化处理区域的道路和区域。

（1）不同风险区域消毒方法　高风险区域使用1∶400戊二醛溶液，每天消毒1次。低风险区域使用1∶800戊二醛溶液进行消毒，每2天消毒1次。雨天不消毒。

（2）采用移动式冲洗消毒机或改装的洒水车进行消毒　用洒水车将肮脏道路冲洗干净，计算冲洗消毒机容积和洒水车容积，量取消毒液，加水至容量，混合均匀，将消毒水均匀喷洒于道路及舍外环境。每 3m² 面积喷洒 1.5L 消毒水，消毒地至少保持湿润 10min。

（3）施工泥泞道路消毒　猪场建设期间，道路出现大量泥泞无法冲洗干净时，采用生石灰进行消毒。在泥泞道路上按 1% 比例甚至 2% 比例撒生石灰。经过车辆碾压后，pH≥12.0 为合格。

4. 出猪台/中转猪台火焰消毒

（1）对经过清洗消毒晾干后的出猪台进行火焰消毒。

（2）出猪台净区和脏区火焰消毒器材不交叉，需要准备两套，分别供脏区和净区使用。

（3）操作者检查气罐中气体是否充足，如果气体不足，需要更换煤气罐。

（4）火焰消毒从出猪台净区开始，由在净区工作的员工消毒至净区与脏区分界红线处，关闭火焰枪。

（5）出猪台脏区火焰消毒从净区与脏区红线处开始，消毒整个脏区出猪道，完成后关闭火焰消毒枪。

（6）火焰消毒时，针对地面和出猪台墙面或隔栏，不能留有死角。

第三节　人、车、物、料等管理

一、人员管理

人流管控主要是管控生产人员的活动范围及规律，制订和规范各岗位的员工活动路线，避免人员交叉。人员流动管理分为生产区外部人员管理和生产区内部人员流动管理。

1. 生产区外部人员管理

除了进场前严格按照消毒制度执行，更要严格区分行政人员和生产人员，非生产人员除非工作要求，严禁进入生产区；建议生产区和生活区工作人员餐厅隔离。

2. 生产区内部人员流动管理

采用逐级隔离、洗澡消毒的策略，工作人员在进入猪舍前要换上干净的外套，洗手、鞋子消毒，严禁生产区人员互串猪舍。为了便于管理，建议不同工作区穿着不同颜色的工作服。有疫情压力的情况下，同工作区的人员也不许相互串猪舍，除非特殊情况。

二、物资管理

需进入内部生活区及生产区的所有物资物品均需在后勤大库臭氧熏蒸消毒 12h。对于不能熏蒸的物品，可用酒精等擦洗或喷雾消毒。不是急需物资，尤其是物料，可在生产区库房进行二次熏蒸消毒。食堂外采食材、员工网购的快递包裹等均需做出明确的生物安全要求，餐余垃圾集中无害化处理。

1. 非疫苗类物资消毒

（1）配置消毒药　非疫苗类物资指除疫苗和大型工程机械材料外的养猪生产常规物资，如兽药、清洁工具等。该类物资库房需要密封、镂空货架。消毒水配制原则是现配现用。首先计算物资库房体积，采用复合消毒法进行，即臭氧消毒＋雾化消毒法，以臭氧消毒＋威特利剑雾化消毒法为主，也可采用臭氧消毒＋戊二醛雾化消毒法。

①威特利剑雾化消毒法：消毒药水用量按每 $3m^3$ 体积使用 100mL 1∶100 威特利剑溶液计算，按物资库房体积的 1/3 量取自来水（L），加入所需要的威特利剑（1g/片），自动溶解，然后使用冷雾机进行雾化。戊二醛雾化法消毒药水按每立方米体积 1.0mL 浓戊二醛溶液计，量取浓戊二醛溶液，加水 20mL 稀释至 5％浓度。使用冷雾机雾化所需要的消毒水。

②臭氧消毒：使用臭氧发生器，在每立方米空间每小时臭氧＞20mg/L时，消毒时间至少24h。

（2）非疫苗类物资消毒标准操作程序　送货人和门岗协助将货物外包装拆卸，将内包装搬运至物资库房脏区与净区的物理隔离架上，不得进入净区。物资库管员在净区接受物资，不得到脏区搬运货物，将物资拆卸成最小包装，分类码放在货架上，码垛之间保持空隙。门岗或送货人关闭脏区门，将外包装在室外集中火化处理。库管员配制消毒药水，打开臭氧消毒电源开关，用冷雾机从库房最内侧进行雾化消毒，"边消边退"至门口，将规定用量的消毒水全部雾化完毕，关闭库房门。臭氧消毒＋雾化消毒24h方可使用物资，物资存放时间尽量延长。

2. 疫苗类物资消毒

疫苗类物资指生物制剂及需要低温保存的药品、疫苗及其他生物性制剂。

（1）配制消毒液　配制1∶200威特利剑溶液：1L水加5片威特利剑，溶解后使用；75％医用酒精。

（2）疫苗类物资消毒标准操作程序　送货人或门岗将疫苗外包装拆卸，将内包装搬运至物资库房脏区与净区的物理隔离架上。库管员用1∶200威特利剑溶液喷洒在内包装上，或用毛巾沾消毒液擦拭内包装。将疫苗连内包装一起搬运至疫苗库房，拆开内包装。取出疫苗瓶，用小型喷壶喷75％医用酒精或1∶200威特利剑溶液擦拭疫苗瓶外表，放置5min。待疫苗瓶干后，根据疫苗储存要求，分别放在不同冰箱进行保存，每批疫苗必须集中码放，码垛间必须有空隙，不得靠冰箱壁，特别是灭活疫苗。送货人或门岗将疫苗外包装集中火化处理。

3. 大型工程机械材料

大型工程机械材料是指猪场建设、维修需要的机械和材料，如料槽、钢筋、水管等。

（1）配制消毒药　配制 1∶400 浓戊二醛溶液，量取 1L 浓戊二醛溶液，加入 399L 水中，混合均匀，即 1∶400 浓戊二醛溶液。

（2）大型工程机械材料标准消毒操作程序　工程车辆必须到洗消中心进行洗消后方可进入猪场，要求车厢、底盘、轮胎无泥土、无猪粪、无动物性食品及动物性食品腐败气味，经过消毒方可进入猪场。对工程车辆采用 1∶400 浓戊二醛溶液消毒 30min，消毒水全部喷洒车身各处；对钢材、食槽等可以接触水的设备和材料采用 1∶400 浓戊二醛溶液消毒至少 2 次，每次间隔 30min，消毒水全部喷洒，将表面打湿；对有电机的设备，采用 1∶400 浓戊二醛溶液擦拭表面进行消毒。

三、水源控制

猪场内水的污染形式主要有三种：使用被污染的河流、湖泊等地表水；洪水泛滥将地下污染物冲刷出；含病原的污水返渗接触猪只导致感染。饮水系统也是疾病传播的一个源头，须纳入日常管理中，定期检测、定期消毒，保证水质。水源控制主要采用净化消毒方式，一是二氧化氯消毒，0.03％有效氯含量作用 30min 以上；二是水中可添加 20g/t 漂白粉。

四、饲料管控

俗话说"病从口入"，构建饲料全封闭生物安全防控体系意义重大，主要采取高温制粒、密闭输送方式。

1. 饲料原料是源头

饲料主要做好原料把关，从粮库采购烘干玉米，禁止使用肉骨粉、血浆蛋白粉等高风险的动物源性原料，其他动物性原料如鱼粉必须经过检测证实不含沙门氏菌等致病菌后再使用。禁止使用未经高温处理的餐馆、食堂的泔水。

原料采购入库前，要对库房做好消毒防护措施，入库后须在干燥、常温条件下隔离至少45d，随后通过膨化、发酵、热处理等措施消除病毒污染的潜在风险。对于可疑原料，要做好分区隔离，并做好原料采购记录。

2. 加工生产是关键

增加热处理、膨化、熟化、发酵等原料前处理工艺，降低病原微生物数量和抗营养因子含量，提高消化酶活性和饲料乳酸含量等。玉米、豆粕或大豆的膨化处理可达到很好的灭杀效果。增加高温制粒工艺，采用85℃以上高温制粒工艺3min，可保障饲料安全。对酶制剂、维生素、微生态制剂等热敏物质增加后喷涂工艺，以弥补高温制粒过程中的损失。减少包装料的输送，成品料由专车运输，避免污染。

五、车流管控

车流管控包括内部车辆与外部车辆的管理。内部车辆包括饲料中转车、猪只转运车、粪污无害化转运车等专用车辆，实行专车专用、专车专道的洗消与运输管控。外部车辆经三级洗消，检测合格后进行二级洗消与烘干。饲料运输车只能到中转中心的转料塔进行饲料中转，不能进场；员工私家车辆经二级洗消后停放于中转中心区域外。场外车辆与场内车辆的停车地点应尽量远离，从而避免交叉污染。

1. 内部车辆

猪场内部车辆根据使用性质可分为：场内饲料中转车，专门用于场内饲料转运；场内猪只中转车，专门用于场内猪转运；场内病死猪拖车，用于病死动物转运。如果不区分场内饲料中转车和猪只中转车时，按先转饲料、后转猪的原则使用，转猪后必须经过严格的清洗消毒，方可用于饲料转运。驾驶员与生产区员工分舍分区住宿，不得进入猪舍，负责车辆维护、清洗与消毒。

饲料中转车使用后，应消毒、冲洗且放置在猪场内部远离猪舍和场外交通道路之处，注意防止鸟、鼠接触。猪只转运车每天使用后应进行清洗、消毒及干燥，且放置在最后运输的起始地。拖死猪后车辆应在病死猪无害化处理处进行消毒后才能到其他区域或指定的停放处（远离猪舍）。

2. 外部车辆

车辆作为猪场生物安全的高风险因素，原则上外部车辆不得进入猪场。如需进入，车辆到场前，必须在指定地点洗消。车辆抵达猪场生活区大门时，在场门外进行第二次清洗消毒，特别对驾驶室的脚踏垫进行喷雾消毒，停放不少于 30min，进入生活区。车辆抵达猪场生产区大门时，需在汽车消毒通道进行第三次清洗消毒。车辆停靠消毒通道池的中间位置，自动喷雾消毒 5～10min 后，挡杆自动升起，消毒完毕，驶出消毒通道，喷雾消毒液每 2d 更换 1 次，汽车消毒通道池消毒液每 3d 更换 1 次。

六、猪流管控

猪流管控指针对猪群的流动，制订各阶段转群生产、流转及销售路径，销售的猪只实行单向流动，任何猪只一旦到出猪台坚决不能返回猪舍。

1. 引种隔离管理

所有引种猪只转入隔离舍及并群前，必须实验室检测蓝耳病抗体、伪狂犬病抗体和野毒、猪瘟抗体、口蹄疫抗体等。

（1）隔离观察　在保证全进全出的前提下，检测合格的猪只进入隔离舍隔离观察不低于 28d，隔离结束前 7d 内，抽样不得低于 30 头（低于 30 头全检），检测不合格的由兽医出具处理意见。

（2）驯化混养　检测合格后，转入驯化混养阶段，以不得低于 1∶10 的比例使用淘汰母猪进行混养，或使用淘汰母猪粪便进行接触，混养时间不低于 28d。

（3）隔离冷却　混养后的后备猪进入冷却阶段，冷却时间不低于 28d。

（4）配种条件　经过上述处理，体重达 130kg、32 周龄以上，完成既定免疫后，方可配种。

（5）外来精液　凡使用非本场的精液时，须对到场精液进行病原抽样检测，合格后由兽医批准使用。

2. 场内死猪无害化处理

员工将猪只放置在猪舍后门指定区域。场内死猪处理负责人用铲车或推车将猪只移入无害化冰箱内或场内无害化处理点，死猪处理负责人穿隔离服及专用鞋子，每次处理完成后，对处理工具清洗消毒。

3. 病猪的处理

全面检查猪群，进入猪栏，观察每头猪状况，发现病猪做上记号。严重的挑出转移到病猪栏进行治疗，跟踪治疗使用超过 2 种治疗方案 7d 无效的，淘汰。

4. 猪只出场管理

猪只出场应采用单向流动、中转销售。

（1）断奶仔猪转出　使用场内转运车将断奶仔猪提前转至上猪台，外部转运车方可装猪，操作过程中，人员不能接触外部转运车辆，外部转运车辆禁止进入猪场生产区；凡经转到上猪台的断奶仔猪禁止转回猪场，不合格的直接淘汰处理。

从猪舍转运断奶仔猪至上猪台的工作人员与上车人员分开，由负责上车的人员对上猪台进行清洗消毒，负责上车的人员须通过洗消通道洗澡后，方可再次进入生产区。

（2）肥猪销售　车辆在经过一级、二级洗消后，进入指定区域，与转猪台对接，司机及客户穿防护服及鞋套下车；一号员工留在过渡区，在装载的过程中该名员工绝对不能够穿过红线回到猪场干净的一侧和接触外部车辆。二号员工留在猪场内，站在红线内侧，用赶猪板把猪成组地带到过渡区，同时防止他们跑回红线内侧。在装载的过程中，二号员工留在猪场洁净的一侧绝对不能越线进入过渡区。一号员工把猪从内部红线处赶至外部红线处，不能与外部车辆接触，同时防止猪穿过红线回到过渡区。装载结束，门被密封后，一号员工在过渡区需要立刻对整个过渡区进行清洗和消毒。过渡区使用的隔离服、靴子和手套需要留在过渡区。清洗消毒内部装载猪只的栏位，结束后到达浴室进行洗澡更衣。赶出的猪只禁止返回场内。

（3）淘汰猪中转销售　中转车辆在一级洗消点洗消后，驶入猪场淘汰猪通道对接，司机及随车人员若下车，需穿防护服及鞋套。场内人员穿工作服及专用水鞋将猪只驱赶至中转车辆上，双方人员禁止接触。装完后，当天对转猪台清洗消毒。

第四节　免疫接种

免疫力决定了猪群的健康状况，从而影响猪的生产性能。免疫分为非特异性免疫和特异性免疫。非特异性免疫是与猪与生俱来的，特异性免疫是后天形成的抗原抗体。规模猪场应做好基础免疫。猪群的免疫效果受疫苗、猪群、病原、环境等多种因素影响，因此应提高猪群免疫效果。

一、疫苗储存条件

根据疫苗类别选择适合的存储条件，弱毒活疫苗应置于 $-15\sim-10℃$ 的低温环境保存，而灭活疫苗则应存储于 $2\sim8℃$ 的常温环境。冷链运输疫苗，减少运输途中的停留时间，以保持疫苗的活性。疫苗发放与使用必须遵守"先进先出"的原则，根据产品失效日期进行发放，防止疫苗过期。有以下情况不得发放疫苗：保存温度严重异常不得发放；如果灭活苗已经冻结、分层，不得发放；如果疫苗瓶标签脱落或字迹不清楚无法辨认时，不得发放；过期疫苗不得发放。对报废药品疫苗进行深埋、焚烧等无害化处理。

二、免疫程序

养猪场应对当地的疫病流行情况及猪场自身的疫情状况进行分析，了解母源抗体水平，合理制订免疫程序，并使用与流行毒株完全相同的毒株血清型疫苗科学免疫。经产母猪与种公猪执行全群普免，一般来说，乙脑、细小病毒病一年1次，圆环病毒病和病毒性腹泻一年2次，猪瘟、伪狂犬病、蓝耳病、口蹄疫一年3次或4次不等。仔猪、后备猪按日龄执行各自的跟胎免疫，主要是生长育肥猪特定病的首免、二免接种和后备种猪以繁殖障碍病等为主的系统性免疫接种。猪瘟、伪狂犬病、圆环病毒病、口蹄疫、蓝耳病五大特定病采用基础性免疫，每年1月、5月、9月为基础性免疫的重点月份，天气温和，猪病也少，适于免疫。而季节性免疫主要针对乙脑、病毒性腹泻。

1. 免疫调整与周围疫情结合

了解猪场及本地区刚发生的疫情，疫病如未纳入免疫程序中，需采取紧急接种方式补救。了解前几年已发生过的疫情，免疫效果不佳的，应查找免疫失败因素。根据抗体监测结果，综合分析环境、疫苗、猪群及其他因素，制订适合本场的免疫程序。

2. 免疫调整与猪群结合

首先确定免疫空间及优先免疫次序，仔猪、后备猪、妊娠母猪、哺乳母猪、种公猪等猪群适宜免疫的时间段，以病毒病优先、细菌病次之。其次选择好免疫的间隔时间。不同疫苗的免疫间隔时间：一般以 5d 为宜，蓝耳病以 10d 为宜。相同疫苗的免疫间隔时间：一般首免和二免间隔以 20d 为宜，二免和三免间隔 4 个月为宜。再次选择好免疫剂量，首次免疫为说明书的 1.2 倍，加强免疫为首次免疫的 1.3 倍，也可根据实际情况适当调整。哺乳仔猪 1.2 头份或按规定量，哺乳母猪 3 头份或按规定量，后备母猪 2 头份或按规定量。最后提高猪群免疫力。免疫接种只针对某些特定病，有些病经自然感染会产生免疫力。从营养和环境控制上提高猪群免疫力。

3. 猪场免疫计划方案

为加强猪场疫病防控，确保猪场健康发展，制订猪场免疫计划与措施，种猪场免疫计划方案如下。

（1）公猪　在每年 1、4、7、10 月各一次注入 1 头份剂量的伪狂犬病基因缺失疫苗；每年的 2、5、8、11 月各一次 2mL 口蹄疫多价疫苗；每年 1、9 月下旬各一次的 2mL 流行性腹泻灭活疫苗；每年 6、12 月各一次 2mL 猪瘟 E2 蛋白疫苗；每年 3、9 月上旬各一次 1 头份乙脑疫苗，均用 16 号注射针头。

（2）基础母猪群　每年 9 月份要免疫一次 1 头份的流行性腹泻弱毒疫苗，且需避开妊娠 75d 至哺乳母猪；头胎母猪妊娠 75d 注入 1 头份流行性弱毒疫苗，而经产母猪则需注入 2mL 流行性腹泻灭活疫苗；当妊娠达 100d，再次注入 2mL 流行性腹泻灭活疫苗，头胎母猪在产后 14d 免疫 2mL 细小病毒病疫苗；母猪在每年的 3、7、11 月份各免疫一次 2mL 蓝耳病 VR2332 疫苗；每年 6、12 月各免疫一次 2mL 猪瘟 E2 蛋白疫苗，每年 3、9 月各免疫一次 1 头份乙脑疫苗；每年的 1、4、7、10 月需免疫 1 头份伪狂犬病基因缺失疫苗，而每年 2、5、8、11 各免疫一次 2mL 口蹄疫多价疫苗。

（3）仔猪生长期　1 日龄时免疫 1 头份伪狂犬病基因缺失疫苗，7 日龄注入 2mL 支原体疫苗，达到 14 日龄免疫 2mL 圆环病毒病疫苗和 1 头份蓝耳病 VR2332 疫苗，达 60 日龄免疫 2mL 口蹄疫多价苗和猪瘟 E2 蛋白疫苗，70 日龄时免疫 1 头份伪狂犬病基因缺失疫苗，90 日龄免疫 2mL 口蹄疫多价疫苗。

（4）后备猪　后备猪达 100 日龄免疫一次 1 头份蓝耳病 VR2332 疫苗；当体重达 50~60kg（110 日龄）和 50~60kg（140 日龄）时，分别各免疫一次 1 头份乙脑和 2mL 细小病毒病疫苗，在 90~100kg（150 日龄）时，分别免疫 2mL 猪瘟 E2 蛋白苗和口蹄疫多价苗；120 日龄免疫流行性腹泻弱毒疫苗和 130 日龄时免疫 1 头份伪狂犬病基因缺失疫苗；达到 160 日龄分别免疫 1 头份蓝耳病 VR2332 疫苗，170 日龄免疫 2mL 流行性腹泻灭活疫苗，180 日龄免疫 2mL 圆环病毒病疫苗，190 日龄免疫 2mL 猪瘟 E2 蛋白疫苗。

4. 措施

（1）加强免疫　本猪场免疫程序在原有制订程序基础上，根据免疫程序和监测结果，结合猪场周边情况，实施长期的免疫净化措施，暂不实行非免疫净化措施，以减轻猪场周边环境导致疫病传入的风险。

（2）加强监测　种猪场一般实施每三个月一次抽样送检的机制，重点抽测猪瘟、口蹄疫、伪狂犬病、蓝耳病等免疫抗体水平及野毒感染情况，并接受动物疫病预防与控制中心等部门的抽样监测。通过监测结果，分析猪场疫病风险，及时调整免疫程序，淘汰部分抗原阳性猪，改善生产程序及饲养管理条件，检查生物安全漏洞，确保生猪的健康发展。

（3）加强诊疗巡查　驻场兽医、场长及各生产车间组长每天2次巡视猪群，及时查出异常猪只，进行诊断，区别一般病情和特殊病情，立即做出处置意见。对特殊病例立即隔离或捕杀。对个别病例进行解剖和检测，及早查明病因，实行有效应对措施，保证净化工作的顺利进行。

（4）及时淘汰　一是坚持种猪更新和后备选留标准，按年度计划选留后备种猪，淘汰种用价值差的种猪；二是根据症状及监测结果淘汰疑似病例和抗原阳性猪只。疑似病例进行捕杀，做无害化处理。凡检出抗体阳性猪只，一次性淘汰。

（5）加强兽药及疫苗投入品监管　通过公司统一招标的方式，采购的药品及疫苗必须是有"GMP"批文，符合国家认证厂家生产的药品、疫苗；同时实行专用、专人专管，并建立完善使用记录。

三、规范免疫操作流程

1. 疫苗注射前准备

（1）猪只准备　严格按猪场制订的免疫程序的日龄执行，一般同群猪的免疫日龄最好相差±3d内；特殊情况需要推迟的，需留档备案，日后做好补免，如猪群发热或腹泻等，先治疗，恢复健康后再接种疫苗。去势、断奶、转群前后数日的猪群不宜接种疫苗。使用抗生素前后1周的猪群不宜接种活菌疫苗；使用抗病毒药物前后1周的猪群不宜接种病毒弱毒疫苗；使用免疫抑制剂（如氟苯尼考、磺胺类药等）前后1周的猪群不宜接种任何疫苗。做好免疫计划，计算好需要的疫苗用量，避免浪费。

（2）器具准备　清洗干净接种用具（金属注射器、止血钳、针头、针盒与喷鼻器），沾有油的器具可用洗涤剂清洗，但最少用清水漂洗3次以上，清洗后不要使用消毒剂。针头要锐利、畅通，并能与注射器凸嘴紧密结合，弯针、堵塞针必须剔出。用清洁纱布包裹清洗后的每具金属注射器及针头，然后放入锅中煮沸消毒，煮沸后时间不少于15min，待针管冷却后方可使用。

注射器使用前检查针管有无破损，活塞是否匹配，密封橡胶垫是否老化，松紧度调节是否适宜，是否漏气，调节螺旋是否滑动、能否固定。使用前用生理盐水润洗针管和针头，针头在安装之前将水甩干净或烘干，抽取疫苗前需排空针管内的残水。

（3）疫苗准备　检查疫苗保存温度并做好出库记录。取出疫苗前先检查冰箱保存的温度是否合适，然后按免疫计划从冰箱中取出相应量的疫苗，并做好出库登记。

检查疫苗的质量，疫苗瓶的标签登记、名称、生产商、生产日期、保质期及批号，扫描条形码辨别疫苗真伪，说明书破损、无法辨认生产日期和保质期的疫苗不能使用。

检查疫苗外观、颜色是否异常，如有发霉变质现象不能使用；检查疫苗是否有冻融现象，如有大量沉淀、分层等不能使用；包装是否破损，冻干疫苗稀释时要检查是否真空，真空疫苗会自动吸入注射器的药液，不是真空的疫苗不能使用。

从冰箱中取出灭活疫苗或活疫苗用稀释液，注射前先回温，低温注射会引起疼痛，吸收不良。疫苗在接种全程使用专用疫苗箱或石棉冰盒保存，箱内放足够冰袋。将疫苗瓶安装上连续注射器，并检查是否连接严密，是否漏气。

2. 接种

疫苗接种由专人负责，不得交给生手；由主管兽医跟踪免疫实施，严禁漏免。选择阴凉天气进行接种，夏天选择早晚进行。疫苗不要暴露于紫外光下。

（1）疫苗前准备　弱毒活疫苗用专用稀释液按规定的浓度稀释。如无专用稀释液，一般活菌疫苗用铝胶稀释，病毒弱毒活疫苗用生理盐水或 PBS 液稀释。弱毒疫苗在稀释时不能过度振荡，防止产生气泡和降低效价，可用手拿着疫苗瓶做划圈动作，轻轻使其溶解。弱毒疫苗稀释后必须在规定时间内用完，一般气温低于 25℃时 4h 内用完，气温高于 25℃时 2h 内用完。

灭活疫苗使用前先将疫苗摇匀。未用完的没有污染的灭活疫苗，可放回 2～8℃冰箱中保存，但不要超过 3d。

（2）注射方式

①肌内注射接种：选择合适的针头，严禁使用粗短针头。国内针头规格从 4 号到 38 号，针头号越大，单位时间内注射的药物越多。不同猪只使用的针头型号不同，详见表 4 - 5。油佐剂疫苗比较黏稠，选择的针头型号可大些，水佐剂疫苗选择的针头型号可小些，切忌用过粗的针头。小猪一针筒药液换一个针头；种猪一头猪换一个针头。

表 4 - 5　不同猪只使用的针头型号

类型	阶段	针头规格
仔猪	初生至 10kg	12 号
保育仔猪	10～30kg	14 号
育肥猪	30～100kg	16 号
种猪	100kg 以上	16 号

使用非连续注射器抽取疫苗时，在疫苗瓶上固定一枚针头抽取药液，绝不能用已给猪注射过的针头抽取，以防污染整瓶疫苗。注射器内的疫苗不能回注疫苗瓶，注射前要排空注射器内的

空气。

一般情况，不管是疫苗还是药物，最好注射在颈部。颈部表皮松软，肌肉丰富，利于药物的吸收。抓住耳朵保定，进针的部位为双耳后贴覆盖的区域，成年猪在耳后 5～8cm，前肩 3cm 双耳后贴覆盖的区域，这个区域脂肪层较薄，容易进针到肌肉内，药液容易吸收。可以用手触摸找位置，耳朵后跟 3～4 个手指，与颈椎距离 5 个手指处。注射过程中要观察连续注射器针筒内是否有气泡，发现针管内有气泡要及时排空，否则剂量不足。一般两种疫苗不能混合注射使用，同时注射两种疫苗时，要分丌在颈部两侧注射。

②皮下注射接种：皮下注射是将疫苗注入皮下结缔组织后，经毛细血管吸收进入血流，通过血液循环到达淋巴组织，从而产生免疫反应。注射部位多在耳根后皮下，皮下组织吸收比较缓慢而均匀，因此一般需经 5～10min 发挥药效。油类疫苗不宜皮下注射。注射药量过多时，应分点注射。猪布鲁氏菌病活疫苗需皮下注射，在耳根后方，先将皮肤捏起，再右手持针从韬基部入针，并轻拔针头，如感十分轻便，证明针头在皮下，可注射。完毕后，拔出针头时，用棉球压住针孔，轻轻揉按。

③交巢穴注射：交巢穴也叫后海穴，用于治疗各种原因的腹泻、麻醉直肠及阴道、减少猪的努责，注射猪传染性胃肠炎和流行性腹泻二联灭活疫苗，也可治疗腹泻肠炎。交巢穴位于尾巴提起后，尾根腹侧面与肛门之间凹陷的中心点。

注射时将尾提起，针与直肠呈平行方向刺入，当针体进入一定深度后，便可推注药物，注射后消毒。3 日龄仔猪进针深度为 0.5cm、成年猪为 4cm。注射针头宜选长针头，注射前先用酒精消毒，针头与皮肤垂直，平稳刺入，严防针尖朝上或朝下，朝上则刺到尾椎骨上；朝下则刺入直肠内，不仅注射无效，还容易损伤直肠。

④肺内注射接种：猪气喘病活疫苗采用肺内注射接种，将仔猪抱于胸前，在右侧肩胛骨后缘沿中轴线向后 2～3 肋间或倒数第 4～5 肋间，先消毒注射局部，取长度适宜的针头，垂直刺入胸腔，当感觉进针突然轻松时，说明针已入肺脏，即可进行注射。肺内注射必须一头猪换一个针头。

⑤鼻腔气雾喷鼻接种：常用于初生仔猪伪狂犬病活疫苗接种，也用于支原体活疫苗接种。1 头份伪狂犬病疫苗稀释成 0.5mL，使用连续注射器，每个鼻孔喷雾 0.25mL；使用专用的喷鼻器，用一定力量推压注射器活塞，让疫苗喷射出呈雾状，气雾接触到较大面积的鼻黏膜，充分感染嗅球。使用干粉消毒剂给初生仔猪进行消毒和干燥的猪场，用疫苗喷鼻后不能让消毒干粉吸入鼻孔内，否则造成免疫失败。

（3）接种标记　接种时一边接种一边对已接种猪只做好标记，以免重复或漏免。

3. 疫苗注射后工作

（1）疫苗副反应猪只的处理

①强烈急性副反应猪只抢救：疫苗接种后 5min 到 1h 发生，高热、哮喘、绝食、昏厥、倒地、休克等强烈急性副反应猪只肌内或静脉注射肾上腺素，每 50kg 体重注射 1mL，20～30min 后再次注射。

②一般副反应的处理：4～8h 后出现流鼻水和口水、呼吸加快、低热、厌食等反应的猪只使用地塞米松或樟脑注射液注射。

接种后，因副反应而使用抗生素或抗病毒药治疗的猪只，应隔离或做好记号，待康复后 2 周重新注射一次。

（2）活疫苗使用后必须进行无菌化处理　用过的活疫苗瓶及未用完的活疫苗须做无害化处理，防止散毒（菌），可以用有效消毒水浸泡、高温蒸煮、焚烧或深埋进行处理；用过的器具、针头要及时消毒。

（3）疫苗注射后及时做好记录　疫苗注射后需要及时记录疫苗免疫情况，如免疫日龄、疫苗名称、疫苗批号、免疫剂量和免疫操作人。每次使用后记下批号或序列号及保质期；记录需保存1年以上，以备日后查看。

（4）免疫临检　定期健康监测是猪场必不可少的一个重要环节，也是制订免疫程序的依据。加强抗体监测、准确掌握猪只健康状况、及时检测出新病的传入，对有效预防、控制、净化疫病的效果显著。免疫后4周，进行免疫抗体监测，以检查免疫是否合格。如果免疫不合格，应根据兽医建议决定是否应补注疫苗，不同疫苗合格率不得低于表4-6指标。

表4-6　不同疫苗合格率要求

猪群	猪瘟	口蹄疫O型抗体	伪狂犬病gB	猪繁殖与呼吸综合征
基础种猪	90%以上	90%以上	90%以上	75%以上
后备母猪	90%以上	90%以上	90%以上	75%以上

注：按免疫程序检测，在加强免疫后1个月检测。

猪只健康检查包括观察、品种、血液化验、剖检、综合分析等。猪只健康度的评价来自健康体系，即营养指数、中毒指数、过敏指数、免疫指数、聚散指数间综合性指标的评估。具体通过血液中生理变化的指标，即尿酸、皮质醇、血细胞等，经计算机数学模型计算而得。另外，监测至少每季度一次。抗体水平参差不齐，比猪群整体处于低水平抗体的危害性更大。紧急接种是不得已的办法。

4. 加强饲养管理

养猪场应加强饲养管理，优化养殖场环境，使生猪自身的免疫力得以提升，进而确保免疫时取得良好的免疫效果。免疫过程就是应激过程，猪舍的免疫接种要控制在 3h 内，以利于猪群机体有能力接受这种短期应激。猪舍饲养员不参与免疫接种，专门照顾猪群，并在饮水、饲料中添加抗应激药物，免疫接种猪舍要杜绝冷、热、有害气体、去势、变料及各种病原体感染等应激重叠性损伤，尽量减轻应激刺激。

第五节　驱　　虫

养猪场寄生虫病不仅危害猪群的健康水平和生产性能，而且会影响肉产品质量。目前规模养猪场发生寄生虫病没有明显季节性。依据养殖场发生寄生虫病状况与当地动物寄生虫病发生和流行规律，制订养殖场预防性驱虫程序，杀灭或驱除猪只体内外寄生虫、环境寄生虫。

一、养猪场寄生虫病控制程序

猪场可采用"4+3 驱虫模式"，即种猪每年驱虫 4 次，保育猪 50 日龄左右驱虫 1 次，生长育肥猪 100～110 日龄驱虫 1 次，后备母猪配种前驱虫 1 次，"按胎次驱虫"母猪分娩前 14d 驱虫 1 次。公猪每年驱虫 3 次。

猪只体内寄生虫主要有蛔虫、鞭虫、结节线虫、肾线虫、肺丝虫等，成虫与猪争夺营养成分，移行幼虫破坏猪的肠壁、肝脏和肺脏的组织结构和生理机能。猪只体外寄生虫主要有螨、虱、蜱、蚊、蝇等，其中以螨虫对猪的危害最大。为防止猪只重复感染寄生虫病，一定要彻底消灭饲养环境中的寄生虫虫卵与幼虫。环境灭虫是一项综合性的工作。养猪场要实行分段多点式隔离饲养，严格做到"全进全出"，这样有利于消灭传染源，防止交叉传染。妊娠母猪分娩前15d用伊维菌素或阿维菌素驱虫1次，临产前4d用温水（35℃）将母猪全身彻底清洗干净，并用0.01%的新洁尔灭溶液或百菌消-30（1∶1000稀释浓度）对猪体进行喷雾消毒，再进入经过彻底消毒后清洁干净的产仔舍待产。母猪分娩后，要将产床和圈舍地面清洗干净，特别是要将粪污、尿水及污染物彻底清除，并及时消毒。饲喂营养环保饲料，饮用干净清洁的水，严禁饲喂发霉变质的饲料。猪舍地面、墙壁、猪栏、猪圈、保温箱每天要清扫干净，保持干燥清洁，不要有积水与粪尿，并定期进行消毒。饲管人员要经淋浴后更换衣、帽、鞋进入猪舍，工具及用具等使用完后要及时清洗干净并进行消毒。仔猪断奶后，母猪驱虫1次，转入配种舍；仔猪驱虫1次，转入保育舍。

感染寄生虫的猪只体内大量的虫卵和幼虫随粪便向外排出，在外界适宜的环境条件下可发育成感染性幼虫，如果污染了饲料与饮水，易造成寄生虫重复感染猪群。因此，每日要将猪舍清扫干净，彻底清除粪污与尿水，将粪污与污染物运至距离猪舍50m之外的场地集中堆积，彻底杀灭虫卵和幼虫，以及其他病原微生物。

二、养猪场寄生虫病检测

养猪场每年对猪群进行2次寄生虫病检测，弄清猪场存在的寄生虫种类和危害程度，以便有针对性地选用驱虫药物，有计划实施驱虫，防止寄生虫病在养猪场发生与流行。目前兽医临床上可选用粪便直接涂片法、粪便沉淀法与饱和蔗糖溶液漂浮法等方法直接检查虫卵或幼虫；也可使用酶联免疫吸附试验（ELISA）与间接荧光抗体试验（IFA）等免疫学方法检测粪便中的寄生虫抗原；也可应用聚合酶链式反应（PCR）及分子生物学方法检测诊断寄生虫病。这些检测诊断方法具有特异性高、敏感性强、快速可靠、方便实用的特点。

第六节　监　　测

监测是摸清猪场疫病，系统掌握猪场疫病发生与流行状况以及危害程度、评估免疫效果和猪群健康状况，协助健康管理的一种手段。构建猪病风险预警体系，经常性开展重大猪病及生物安全风险分析、评估和研判，落实各项应急预案和风险控制措施，将猪病风险降至最低。

一、建立健康档案

健康档案涵盖公猪群（后备公猪、生产公猪）、母猪群（后备母猪、生产母猪）、商品猪，内容包括档案编号、记录日期、猪只/群编号、日龄、品种、来源、健康状况；病史，如临床表现、诊断结果、处理措施；用药、保健、免疫、消毒；饲喂方案；舍内环境，如温度、湿度；卫生状况；母猪需要记录首配日龄、胎龄、配种分娩情况、产仔情况、断奶后发情时间；公猪需要记录首次采精日龄、精液量、精子数量、活力、睾丸状态、大小、位置是否正常，性欲高低。

二、评估健康风险

随时观察猪群，注意"猪群信号"。猪的信号获取主要通过临床观察、生产性能测定、剖检及病理试验和实验室检测等。

1. 现场及临床观察

猪群观察目的是判断环境是否符合猪的生理需求，发现猪只异常情况，早治疗。同时观察设施设备状况，确保正常运行。

观察猪舍外围：猪舍周围的防鸟、防鼠设施是否需要维护；风机、湿帘、窗户是否利于舍内环境调控。

观察舍内情况：猪场技术员和兽医每日至少巡视猪群2～3遍，并经常与饲养员联系，掌握猪群动态。观察猪群要认真、细致，掌握好观察技术、观察时机和方法。

（1）整体观察 进入猪舍，如果感到呼吸不畅、气味刺鼻，眼睛有灼烧或湿润感，说明空气质量较差。健康猪群应有正常行为和躺卧姿势。如果猪只间趴卧相距较远，呼吸频率加快，很多猪喝水、玩水，说明温度过高，猪感到热；如果多数猪扎堆要考虑是否温度低；如果群体嗜睡，很可能是猪生病了。当墙壁、金属表面凝聚水滴，猪体潮湿时，表明舍内湿度较大。相对湿度低于50%或超过70%时，对猪群健康不利。观察每头猪是否有足够空间，过度拥挤会让猪感到不适。以上情况可以通过人对设备设施的使用、调节得到改善。

（2）栏圈观察 观察猪只是否采食、休息、排粪做到"三定位"。如果猪只趴在粪上，分析猪舍温度高、面积过小或者猪生病了；如果猪栏中有血，要看肩部和颈部是否有打斗疤痕，是否有外伤或猪只脱肛，是否有舔脐部、咬腹部或咬尾等现象，分析是营养还是应激引起的。观察猪栏的角落、墙壁或地板上是否有稀粪及其他颜色。把猪轰起来，听听是否有咳嗽或气喘；观察猪群行动，特别注意独自躲在角落或掉队的，如果步态蹒跚或僵硬，要仔细检查肢蹄；还要注意耷拉脑袋、皮肤苍白、神经症状的猪。检查饮水器是否供水充足，水流和饮水器高度是否合适，如果水流过大，猪饮水时会溅到脸上。观察饲槽是否干净，有无过多结块残留，槽外是否有撒料。上述异常情况，现场能解决的马上解决，不能解决的应记录下来，逐步解决，尤其对病猪要做好标记。

（3）个体观察　在进行猪只检查时，要特别关注与健康有关的猪群信号。

喂饲看食欲，清扫看粪便，异常查体温。健康猪吃料正常，大便成形，排量正常，不干也不稀，排便无异物，眼角无眼屎分泌物，鼻腔湿润，小便清无异味。患病猪腹泻或者大便干燥，排便像羊屎颗粒状，眼睛分泌大量眼屎，口吐白沫等。猪的正常体温为 38～39.5℃（直肠温度），天热时可达 40℃左右，2 月龄以内的仔猪体温可达 39.3～40.8℃。一般猪在傍晚比在上午正常体温高 0.5℃。猪在不同年龄、不同时期的体温略有差别，如初生仔猪体温 39.0℃、哺乳仔猪 39.3℃、生长猪 39.0℃、育肥猪 38.8℃、妊娠母猪 38.7℃、公猪 38.4℃。

看皮毛。健康猪体表皮肤红润，光滑、富有弹性，体表无寄生虫、无红点或红斑。患病猪群体表皮肤苍白、发紫、皮毛粗糙无光泽。

看睡觉。健康猪群睡觉体态四肢舒展，侧卧非趴卧，呼吸均匀，自然而舒适。如果患病或者身体不适猪，四肢蜷缩，呼吸困难，时快时慢，易惊易醒。

看饮水。不同年龄猪群饮水习惯不同，育成猪和妊娠母猪通常喜欢在 15：00—21：00 饮水，5：00—11：00 是较小的饮水高峰期；保育猪则在 8：30—17：00 饮水；哺乳母猪因哺乳需要，一整天都在饮水。一般情况下，生长猪的饮水量是其干饲料采食量的 2 倍。受气候、环境影响，哺乳母猪每天至少饮水20L。如果母猪出现站立困难、采食量下降、便秘、不能侧卧哺乳，母猪饮水量可能不足。猪饮水出现问题，需考虑饮水器位置、流量、水质等问题。

看尿液。健康猪尿液呈较透明的褐黄色。猪只尿液呈白色混浊状，无沉淀物，这是尿液中侵入大量致病菌所致；但静置后有白色絮状物沉积，则为脓尿，泌尿系统的疾病感染；如白色尿液含石灰样白色粉末或砂粒物，可能是膀胱或尿道结石。猪只排尿时刚开始呈血红色，而尿中或末端变为无色，可能是前尿道炎；排尿带血新鲜，多为尿路损伤出血；中后端血尿，则为膀胱炎症引起或结石；整个排尿过程尿血，说明出血部位在上尿道或膀胱或肾脏；而在排血尿的过程中表现为疼痛的，则为泌尿结石。尿液为深茶色或酱油色，无沉淀物和红细胞，但含游离蛋白，称为血红蛋白尿，通常由寄生虫病、血液原虫病等引起。棕色尿常见于砷化氢及酚等药物中毒时。

看外阴。健康猪阴户无白色或脓性分泌物，干净而色泽自然。

听咳嗽。咳嗽是生猪患呼吸道传染性疾病的主要症状之一。观察猪咳嗽的症状，缓和咳嗽、间歇性轻微咳嗽、连续性咳嗽、高热性咳嗽、站立用力干咳等，进一步诊断并采取措施。

听呼吸。健康的猪呼吸正常。如果腹式呼吸过快或过慢，则为不正常。猪的呼吸频率指每分钟呼吸次数，猪安静时，根据胸廓和腹壁的起伏或鼻翼开张进行计数，也可通过听呼吸音计数。冬天寒冷时，也可观察鼻孔呼出的气流。健康猪的呼吸频率为18～30 次/min。

看喷嚏。喷嚏是猪鼻黏膜或鼻咽部受到某种刺激所引起的一种防御性呼吸反射动作。引起猪生理性喷嚏的有炎性渗出物、黏液、灰尘、刺激性气体及其他异物。引起猪病理性喷嚏的疫病主要有猪萎缩性鼻炎、猪流感、猪巨细胞病毒感染、猪繁殖与呼吸综合征、血凝性脑脊髓炎病毒感染（脑炎型）和猪伪狂犬病等呼吸道传染病。如猪只连续打喷嚏、流鼻血、流脓性鼻涕，需进一步诊断和采取措施。

看眼睛。健康猪眼睛视黏膜平滑，湿润，无异物。病猪眼部有可疑分泌物，可视黏膜干涩起皱。

看肢蹄。观察猪的四肢或蹄部，健康猪无跛行、无外伤，未见蹄裂。猪患有猪蹄病，常见的有变形蹄、变形肢、遗传性肢蹄病、传染性肢蹄病和非传染性肢蹄病等类型。变形蹄有过长蹄、过宽蹄、卷蹄、卧系低蹄、突系高蹄、外蹉蹄、蹄裂、蹄底增生等；变形肢有 X 形肢、O 形肢等；遗传性肢蹄有外翻腿（撇拉腿）、前肢增粗、屈曲腿、内趾过小、多趾、独趾（马蹄样）、蹄裂、蹄底增生、X 形肢、O 形肢等；传染性肢蹄病有口蹄疫、链球菌病、葡萄球菌病等；非传染性肢蹄病有变形蹄、变形肢、软组织伤、骨骼伤、神经性肌肉麻痹症、化脓性炎症、风湿关节炎、瘫痪等。

看乳房。呈杯椎状、充实富有弹性；无硬块、组织增生和肿大。

2. 生产性能测定

提高集约化养猪效率和效益的关键是找准猪场的实际问题，制订解决方案。准确的生产记录数据是高效率新模式养猪管理找准问题的重要一步，以便科学准确判断猪群的健康状态，提前发现问题，预测未来的变化，以及考察管理效果。

首先是把猪养活，猪在养殖的各个环节都有一定死亡率（失败率），从配种、妊娠、哺乳、保育到育肥，都有一定损失。死亡淘汰率（死淘率）决定了养猪的成败。出生死淘率、配种分娩率、母猪发情率、育肥死淘率、保育死淘率、哺乳死淘率均影响了养猪成本。

其次是提效降耗，减少养殖投入，包括减少饲料、药品疫苗、物料、水电能源消耗，减少人工成本。料重比是衡量饲料报酬和饲料转化率的一个重要参数。日增重代表生长速度，是衡量生产成绩的重要指标。猪场耗水量控制可通过安装水表，监控每日每栋猪舍的实际耗水量。

3. 剖检及病理试验

需了解猪群发病变化。水肿病或大肠杆菌病通常发生在断奶前3周，育肥后期不常见；回肠炎很常见，一般发生在进入育肥舍后的8~12周，或者从保育舍转入育肥舍不久；整个生长周期都可能发生猪蓝耳病、猪流感、猪圆环病毒病相关性疾病；猪肺炎支原体发生在10~26周，易受免疫接种和饲料给药影响；如果猪群的猪蓝耳病为阳性，并处于活跃期，进猪后2周内会发生猪蓝耳病。如果猪群的猪蓝耳病为稳定期，没有实行全进全出的猪舍会在进猪后3~6周可见猪蓝耳病症状。通常，猪转入2~3周后开始打喷嚏，5~7d后出现温和的湿咳，3~4周会康复。

4. 实验室检（监）测

对样品（包括全血、血清、淋巴液、组织器官等）进行病毒、病毒抗体及相关免疫指标检测，检测分为病原学检测、抗体检测，前者检测感染野毒，后者检测感染、免疫监控。监测指定期或不定期、连续、系统地收集各类群体中相关疾病的分布资料，综合分析，可提前了解疾病在场内的污染状况，或免疫抗体的高低及整齐度，做好疾病预警；做好免疫程序的评估与安排，了解母源抗体的消长情况，监控免疫接种效果。

（1）检测的主要方法 病毒性病原采用 PCR、RT-PCR、qPCR、qRT-PCR、LAMP、NASBA 方法，细菌性病原采用接种分离培养、PCR，寄生虫病原采用镜检、PCR。常用的血清学检测技术有血清酶联免疫吸附试验（ELISA）、中和试验/病毒中和试验（SNT/VNT）、血凝抑制试验（HI）、琼脂凝胶扩散试验（AGP）、快速血清平板凝集试验，不同血清学检测方法见表4-7。

表 4 - 7　血清学检测方法比较

项目	ELISA	SNT/VNT	HI	AGP
时间	2h	几天	数小时	1~2d
高通量	可以	困难	可以	可以
样品体积（mL）	0.001~0.05	0.2~1	0.025	0.03
操作性	否	是	否	是
数据管理	能	不能	不能	不能
重复性	高	低	低	高

（2）检测项目　应根据猪场当地疫病流行情况、临床表现和病理剖检的初步诊断来确定。

①病原体、抗体检测：猪场镜检仔猪球虫病、体内外寄生虫、附红细胞体。抗体检测猪瘟、猪伪狂犬病、圆环病毒病、蓝耳病抗体。

②饲料、饮水检测：检测饲料中微生物和毒素，如细菌总数、大肠杆菌、沙门氏菌、霉菌总数、玉米赤霉烯酮、呕吐毒素等，检测饮水中常规微生物监测，如细菌总数、大肠杆菌数。

③环控与环境微生物学监测：做好猪舍温度、湿度、舍内有害气体、光照、通风、消毒液及消毒效果检测。做好猪舍空气、饲槽表面、饮水器表面、消毒液等微生物学等检测。

（3）采集与送检　采样一般先排除背景信息、非传染病因素、可能的病因等后取样。尽早采样，选取发病早期并未经过治疗的猪只进行采样，必要时选取少量新发病猪有意不进行药物治疗，促使典型病变出现。选择分离时机，避免药物干扰。临床经验表明，病猪体内抗生素、化学药物及疫苗等都有可能影响病原分离结果。因此，采样种类要齐全，避免因采样造成疫病扩散，后续处理得当。样品背景信息要完整，包括日龄、免疫程序、用药情况、发病情况、剖检情况、拍照。

①病原检测：取样时间要求在病猪死后立即采取，最好不超过 2h。剖开腹腔后，首先取材料，再做检查。注意肠道样品需在肠管两端打结，且单独保存；关节、皮肤、肌肉等样品可送检整个组织或部分机体；细菌类样品，尽量在抗生素治疗前取样，保持冷藏温度（2~8℃）尽快送检。采集检测病料应选择病原含量较高的器官或组织，减少漏检率。宏观病理学检测时，要采集整个尸体。微观组织学检测时，对病理组织材料要用 10% 的福尔马林液固定，液体是病料的 10 倍。对于哺乳仔猪的死亡，不但要采集整个尸体，还要采集其母亲的血液进行抗体检测。母猪繁殖障碍病采集母猪血液，用一次性注射器采集。

猪鼻拭子样品用于病原分离及分子生物学检测。采集时，先保定猪只，右手持棉签，先将猪鼻孔周围擦干净，再使用新棉签与猪鼻中隔成 45°角轻轻插入，与鼻中隔平行方向插入约 2cm，轻轻转动棉签 1 周，停 2~3s，再轻轻转动棉签 1 周。拔出棉签，置于加有 1mL 生理盐水或 PBS 的无菌离心管中，冷藏保存运送。

猪唾液非洲猪瘟病毒检测是实现早期净化的重要方法之一。操作者一定要戴上一次性手套；收集 1 份，更换 1 次手套，防止样本交叉污染。拭子装入 PBS 的无菌离心管内，建议将样品保存于 4℃，立刻送检，没有条件的应在 24h 内送至有资质的实验室。

非洲猪瘟病毒
检测采集猪唾液

积液、皮肤样品的采集，包括胸腔积液、心包积液、脑积液、关节液等。采集时，使用一次性无菌注射器抽取 1~2mL 水胞液、脓包或积液，直接涂抹于载玻片上，干燥后放于离心管中，冷藏/冷冻保存运输。采集痂皮，无菌剪取皮肤组织置于样品袋中，常温运送。

血涂片的制作。注射器采血后，滴出 $5\sim7\mu L$ 新鲜未凝固的血液或抗凝血于干净载玻片的一端，左手拿住该载玻片的两端、右手拿住另一载玻片的一端，在左手的载玻片上由前向后接触血滴，使两载玻片约成 $45°$，轻轻移动使血滴成一条直线，由前向后推成均匀的薄片，空气中自然干燥。

组织样品的采集，用于病理组织学检测。选择处于急性发病期的新鲜组织样品，选取正常组织与病变组织交界处部位，避免来回锯拉组织、镊子捏压取样部位，取 $1cm\times1cm\times0.5cm$ 大小样品。常温处理，用 10% 福尔马林溶液（4% 的甲醛溶液）固定，组织与固定液比例为 $1:(10\sim20)$，固定前后均不可冷冻；如用作冰冻切片，则需将组织块放在 $0\sim4℃$ 容器中，尽快送实验室。

抗凝血样品的采集，在采血器内加入适量的抗凝剂（1% 肝素、EDTA-K_2、3.8% 柠檬酸钠），采血后，反复颠倒采血器，使抗凝剂与血液充分混匀。

②抗体检测采样：抗体检测采样是为了免疫评估、风险预警、疫病辅助诊断。收集样品背景信息：免疫程序包括免疫日龄、疫苗种类、厂家、免疫方式；临床用药包括药物种类、厂家、使用量、用药途径；发病情况包括发病特点、日龄、典型临床症状、发病率、死亡率；病理变化包括各组织脏器的大体解剖病理变化。取样现场，观察猪只外观、大群、饮食、呼吸、环境、气味等。在疫苗免疫后 $3\sim4$ 周以上采样测定免疫抗体；测定母源抗体，一般猪瘟病毒抗体 $20\sim50$ 日龄采样，伪狂犬病抗体 $35\sim70$ 日龄采样；测定野毒抗体，发病康复后 2 周以上采样。样品采集量取决于检测的目的、内容、被检猪群健康状况等。血清样本量可按以下公式测算：

$$n=[1-(1-a)1/D]\times[N-(D-1)/2]$$

其中，n 为样本量大小；a 为置信区间；D 为估测阳性动物数；N 为动物总数。

猪血液样品采集：多采用前腔静脉采血和耳静脉采血。前腔静脉采血适用于各阶段的猪，采血量不限，可能损害迷走神经。耳静脉采血，多用于成年猪（经产母猪），采血量 $1\sim2mL$，易形成血肿，血样易污染。

血清样本的制备：采血完毕后，（一般 3mL 血液足够用于抗体检测）将注射器拉至最大刻度，室温下静止平放，析出血清。或置于 37℃ 温箱中 1h 后，置于 $2\sim8℃$ 环境中 1h，析出血清。溶血、胶冻样、浑浊等血清不符合要求。

样品的保存、包装、运输：所采集的血液样品如需在采血器内直接送样，套上针头帽，防止内容物泄露，之后 10 个左右注射器为一捆，用胶带缠绕捆绑，平放在保温箱内塞实，快速送往实验室。如果样品能在采集后 24h 内送到实验室，可放在加冰袋的（4℃ 左右）保温容器中运送。24h 内不能将样品送往实验室，需将样品冷冻，装在保温箱内加冰袋维持低温状态运送。甲醛固定的组织样品，需在常温条件下充分固定，不能冷冻，以防止组织形态改变。

③饲料霉菌毒素检测采样：饲料霉菌毒素超标是猪场不稳定因素之一，抓好饲料检测工作。饲料样品每批要抽取 10 个有代表性的样品，每个原始样品要有 100g，10 个样品要布点均匀，有代表性，取样前不得翻动和混合饲料。

④饮水中大肠杆菌数检测采样：饮水中大肠杆菌数是重要的微生物学指标。采用培养特性法对饮水进行定性检测。如进行细菌学检查，则在 2h 以内进行；否则要放入 4℃ 冰箱内保存后，在 4h 之内进行检查。舍内水罐、水塔中水样采集前要用酒精火

焰对水龙头进行消毒，并放水 2min，然后用灭菌的玻璃瓶接取。井水、河水、池水等水样用灭菌后的塑料管吸取水面下 15cm 处的水样进行采集。

⑤猪舍环控检测：猪舍温度、湿度是地暖供热、喷雾降温、粪沟通风、臭氧消毒等现代环控设备主要检测内容。取校正好的温度计、湿度计，取舍内四角及中心五点的温度与湿度数值（要取 10cm、100cm 两个高度的数值）。猪舍内有害气体的检测主要包括氨气、硫化氢等，现场采用嗅觉适宜度来评价，如特殊需要，取专用设备现场检测。猪舍光照一般为视觉检测，正常视力的人在舍内能准确辨认出报纸的字迹，即为 10lx 的亮度。通风则要结合嗅觉、温度、湿度及通风强度的最佳组合来评估；如有必要，用通风强度检测仪检测。

⑥猪场微生物学样本的采集与送检：猪舍空气微生物学的检测一般采用四级法，即将 5 个乳糖琼脂平板开盖均匀放置被测处的水平地面上，空气暴露 3min，收回平板盖上，送检。空舍消毒后，舍内物体表面微生物学检测是将灭菌后的规板扣在灭菌前后的物体表面上采集样本，无菌保存，及时送检。

⑦消毒液及消毒效果样本的采集与送检：取厂家认定尚未开启的消毒剂原瓶送检，进行最低杀菌浓度、腐蚀性、对皮肤刺激项目试验。在消毒后的区域，取消毒前后的五点灭菌棉拭子，无菌保存，及时送检。消毒液在使用时的微生物学检测：对猪场大门及猪舍入口处消毒池、洗手消毒盆的消毒液进行检测时，每个监测对象取 3~5 个样本，无菌保存，及时送检。

第五章

猪肉质量安全控制

第一节　生猪屠宰环节的质量控制

生猪屠宰是将符合质量标准的生猪加工成安全卫生猪肉的过程，包括击晕、刺杀放血、烫毛、刮毛或剥皮、去内脏、胴体整理、劈半、冲洗、分割、检疫等一系列处理过程。生猪屠宰环节中，问题猪肉涉及病死猪、注水猪肉等。生猪屠宰环节控制猪肉质量安全的因素包括屠宰场建设水平、产地检疫、屠宰前检验检疫与管理、屠宰加工工艺和宰后检疫等方面。

一、屠宰场建设

严格按照《中华人民共和国食品卫生法》《中华人民共和国动物防疫法》《中华人民共和国环境保护法》《生猪屠宰管理条例》等有关法律法规要求，确保卫生安全的猪肉，避免环境污染，控制动物疫病传播。

（一）场址选择

屠宰场应建在交通便利的地方，远离住宅区、医院、学校、水源及其他公共场所，距离 500m 以上。地下水位不得高于地面 15m。建筑物必须选择合理的方向，有条件的可在厂房周围进行适当的绿化。配备完善的供水设备和排水系统，污水必须经过净化处理和消毒，达标排放。粪便和胃肠内容物必须无害化处理，运出作为肥料。

（二）布局

屠宰加工车间是屠宰场最重要的生产车间，它供应其他车间所需的原料。加工车间各工序间应按生产工艺的要求，前后排列，互相连接，人流和物流分开，原料和产品的出入口分开，以免引起交叉污染，影响肉品质量。屠宰场分为宰前管理区、屠宰加工区、病猪隔离管理区，各区之间应有明确的分区标志，并用围墙隔开，设专门通道相连。屠宰车间必须有化验室及兽医卫生检验设施，包括同步检验、对号检验、旋毛虫检验、内脏检验等。

（三）卫生要求

（1）地面　使用防水、防滑、不吸潮、可冲洗、耐腐蚀、无毒材料，地表无裂缝、无局部积水，易于清洗和消毒。明地沟应呈弧形，排水口须设网罩。

（2）墙壁和墙柱　使用防水、不吸潮、可冲洗、无毒、淡色的材料，墙裙贴瓷砖不低于 2m，顶角、墙角、地角呈弧形，便于清洗。

（3）天花板　表面光滑，不易脱落，防止污物积聚。

（四）光照和传送装置

车间采用充足的、不变色的光源，光线充足。避免阳光直射，人工照明以日光灯为好。

屠宰加工车间的内脏处理间、冷却间、冷藏库及其他加工间应设置架空轨道和运转机，并附有防止油污装置，以利屠宰产品的运转，放血地段的传送轨道下应设置收集血液的表面光滑的金属或水泥斜槽，屠宰品的上下传递应采取金属滑筒，不同产品有不同通道。

（五）供、排水的卫生要求

车间供水充足，最好备有冷、热水，水质符合饮用水的卫生标准。建造完善的下水道系统，地面斜度适中并有足够的排水孔，既保证污水排出，又要防止碎肉块、肥膘及污物等进入污水系统。

（六）污水处理

屠宰场排出的污水是典型的有机混合物，其中含有组织碎屑、脂肪、血液、猪毛和胃肠内容物等。污水的处理一般先经机械处理后，再经生物处理。机械处理是用粗眼筛板、滤器、漂浮池、沉淀池和砂室等装置，机械地去除污水中的固体物质的方法，其中包括脂肪和其他悬浮物的回收。生物处理是利用存在于自然界的大量微生物所具有的氧化分解有机物的能力，除去废水中溶解的胶体有机污染物质。根据处理过程中起作用的微生物对氧化要求的不同，分为好氧和厌氧处理两种方法。

二、产地检疫

产地检疫是指动物、动物产品在离开饲养地或生产地之前进行的检疫，将染疫动物及病死动物控制在原产地，防止进入流通环节。一般生猪产地检疫是由县级动物卫生监督机构或委托驻乡（镇）畜牧站具体负责。大型养猪场和出口养猪场，由县级以上动物卫生监督机构实施检疫。

1. 产地检疫分类

（1）现场检疫　结合当地动物疫情、疫病监测情况和临床检查，合格者方可出具检疫合格证明。

（2）定期检疫　养猪场按检疫要求，定期对生猪疫病进行检疫。

（3）隔离检疫　引进种猪后，要严格隔离一定时间（一般为30d），经确认无疫病后方可投入生产。

（4）售前检疫　生猪在出售前经动物卫生防疫监督机构或其委托单位实施检疫，并对合格者出具检疫合格证明等。

2. 产地检疫实施

（1）疫情调查　向畜主、防疫员询问饲养管理情况、近期当地疫病发生情况和邻近地区的疫情动态等情况，了解当地疫情；结合对养猪场（或户）的实际观察，确定生猪是否来自疫区。

（2）产地检疫信息采集与电子产地检疫证出具　①动物检疫员携带移动智能识读器（PDA）和便携式打印机对养猪场生猪进行现场检查。通过移动智能识读器（PDA）进行动物防疫检疫监督数据录入、采集、传输等操作，包括识读耳标和检疫二维码、集成身份验证、信息录入、IC卡读写、电子检疫证打印、存储和信息即时传输等。便携式票据打印机须同移动识读器配套使用，用于打印各种动物及动物产品检疫证明。电子检疫证明由中央数据库生成的统一编码控制，无法伪造。通过录入、传输、机打检疫证明操作产生的数据信息会储存到中央数据库，检索数据信息能快速、准确定位动物原产地、流通轨迹，查看防疫、检疫、监督等环节信息，并对基层的工作情况实时监督，及时发现问题。②通过移动智能识读器（PDA）扫描耳标二维码，在线查询畜主信息、生猪个体信息、免疫信息、饲料添加剂使用、消毒、药物使用及检验信息等情况。③利用智能识读器（PDA）和便携式打印机对免疫合格的动物出具电子产地检疫证，并将产地检疫信息通过网络上传到中央数据库，存入流通IC卡。

三、屠宰前检验检疫与管理

屠宰前检疫检验水平主要考察屠宰企业是否能有效控制病死猪的情况。

(一) 宰前检验检疫的基本步骤和程序

1. 入场 (厂) 检验检疫

(1) 查验证件,了解疫情　进入屠宰企业的生猪应当附有有效的《动物检疫合格证明》,并佩戴耳标。其中,从外省进入的生猪必须经指定通道(动物卫生监督检查站)检查、消毒,检疫证明必须经指定通道签章。了解产地有无疫情和途中病、死情况,仔细观察猪群,核对屠宰生猪的种类和头数。

发现产地有严重疫情流行或途中病死猪头数很多时,立即转入隔离圈,做详细的临床检查和实验室诊断。

(2) 视检屠畜,病健分群　经过初步视检和调查了解,卸下合格的猪群,按产地、批次赶入预检圈。检验人员要认真观察每头生猪的外貌、运步姿势、精神状况等。如发现异常,进行详细检查和处理。

(3) 逐头检查,剔出病猪　进入预检圈的生猪要给足饮水,待休息 4h 后,再进行详细的临床检查,逐头测温。经检查确认健康的生猪进入饲养圈。病猪或疑似病猪则赶入隔离圈。

(4) 个别诊断,按章处理　被隔离的病猪或疑似病猪经适当休息后,进行详细的临床检查,必要时辅以实验室检查。确诊后,按有关规定处理。

2. 住场检验

入场验收合格的屠畜,在宰前饲养管理期间,检验人员要经常深入圈舍观察。

3. 送宰检验

进入饲养圈的健康猪只，经 2～3d 的饲养管理后屠宰。送宰之前需要进行详细的外观检查。

4. 宰前检验的方法

宰前检验时，应采用"群体检查"和"个体检查"相结合的方法。

（1）群体检查 群体检查方法分为"动、静、饮"三态检查。

到圈舍后，在不惊动生猪使其保持自然安静的情况下，观察猪的精神状况、睡卧姿势、呼吸和反刍状态，有无咳嗽、气喘、战栗、呻吟、流涎、嗜睡和离群等现象。

经过静的观察后，可将屠畜哄起，观察活动姿势。注意有无跛行、后腿麻痹、步态摇晃、屈背弓腰和离群等现象。

观察采食和饮水状态。注意有无停食、不饮等异常状态，少食、不反刍和想食又不能吞咽的，应标以记号，留待进一步检查。

（2）个体检查 经群体检查隔离的病弱猪逐头进行个体检查。通常用看、听、摸、检四种方法。

"看"。观察病畜的精神，行为，姿态，被毛有无光泽，有无脱毛，观察皮肤、蹄、趾部、趾间有无肿胀、丘疹、水疱、脓疱及溃疡等病变。检查可视黏膜是否苍白、潮红、黄染，有无分泌物或炎性渗出物，并仔细查看排泄物的性状。

"听"。直接听取病猪的叫声、咳嗽声，借助听诊器听诊心音、肺呼吸音和胃、肠蠕动音。猪的正常呼吸次数 12～20 次/min，脉搏次数 60～80 次/min。

"摸"。用手触摸猪的脉搏，耳、角和皮肤的温度，触摸浅表淋巴结的大小、硬度、形状和有无肿胀，胸和腹部有无压痛点，皮肤上有无肿胀、疹块、结节等。结合体温测定的结果加以分析。

"检"。对可疑患有人畜共患病的病猪还须结合临床症状，有针对性地进行血、尿常规检查以及必要的病理解剖学和病原微生物学等实验室检验。检查对象为口蹄疫、猪瘟、非洲猪瘟、高致病性猪蓝耳病、炭疽、猪丹毒、猪肺疫、猪副伤寒、猪Ⅱ型链球菌病、猪支原体肺炎、副猪嗜血杆菌病、丝虫病、猪囊尾蚴病、旋毛虫病。

出现发热、精神不振、食欲减退、流涎；蹄冠、蹄叉、蹄踵部出现水疱，水疱破裂后表面出血，形成暗红色烂斑，感染造成化脓、坏死、蹄壳脱落、卧地不起；鼻盘、口腔黏膜、舌、乳房出现水疱和糜烂等症状的，怀疑感染口蹄疫。

出现高热、倦怠、食欲不振、精神萎靡、弓腰、腿软、行动缓慢；间有呕吐，便秘腹泻交替；可视黏膜充血、出血或有不正常分泌物、发绀；鼻、唇、耳、下颌、四肢、腹下、外阴等多处皮肤点状出血，指压不褪色等症状的，怀疑感染猪瘟。

出现高热、倦怠、食欲不振、精神萎靡；呕吐，便秘、粪便表面有血液和占有黏液覆盖，或腹泻，粪便带血；可视黏膜潮红、发绀，眼、鼻有黏液脓性分泌物；耳、四肢、腹部皮肤有出血点；共济失调、步态僵直、呼吸困难或其他神经症状；妊娠母猪流产等症状的；或出现无症状突然死亡的，怀疑感染非洲猪瘟。屠宰场（厂、点）应按照农业农村部的规定开展非洲猪瘟快速检测。

出现高热；眼结膜炎、眼睑水肿；咳嗽、气喘、呼吸困难；耳朵、四肢末梢和腹部皮肤发绀；偶见后躯无力、不能站立或共济失调等症状的，怀疑感染高致病性猪蓝耳病。

出现高热稽留；呕吐；结膜充血；粪便干硬呈粟状，附有黏液，下痢；皮肤有红斑、疹块，指压褪色等症状的，怀疑感染猪丹毒。

出现高热；呼吸困难，继而哮喘，口鼻流出泡沫或清液；颈下咽喉部急性肿大、变红、高热、坚硬；腹侧、耳根、四肢内侧皮肤出现红斑、指压褪色等症状的，怀疑感染猪肺疫。

咽喉、颈、肩胛、胸、腹、乳房及阴囊等局部皮肤出现红肿热痛，坚硬肿块，继而肿块变冷，无痛感，最后中央坏死形成溃疡；颈部、前胸出现急性红肿，呼吸困难、咽喉变窄，窒息死亡等症状的，怀疑感染炭疽。

5. 宰前检疫后的处理

经宰前检验检疫后，生猪分为准宰、禁宰、急宰、缓宰 4 类。经检查认为健康，符合政策规定的生猪准予屠宰。在宰前检疫环节发现使用违禁药物、投入品，以及注水、中毒等情况的生猪，凡患有国家规定的烈性传染病的，禁止屠宰。患有无碍肉食卫生的一般性疾病而具有死亡危害或在运输途中因挤压、撕咬等濒临死亡的生猪需立即送往屠宰场宰杀。一般性传染病或普通病，且有治愈希望的，或疑似患有恶性传染病而又未确诊的牲畜，应予缓宰。但必须考虑有无隔离条件和消毒设备。有饲养育肥价值的生猪应予缓宰。

6. 宰前可追溯系统的关键溯源信息

需录入企业基本信息，包括企业名称、组织机构代码、邮政编码、法人代表、联系人及联系电话、工商营业执照、定点屠宰证、食品卫生许可证、类型、企业认证情况和企业简介等；转入信息，包括入厂日期、来源地企业名称、运输车辆车牌号、运输车辆所属企业名称、生猪检疫证号、运输车辆消毒证号；宰前检验信息，包括生猪产地检疫证明、尿液激素残留检验结果、宰前检验日期、检疫部门、检疫结果、异常个体猪情况说明、异常个体猪处理方式。

（二）宰前管理

1. 屠宰前休息管理

运到屠宰场的生猪，到达后不宜马上进行宰杀，需在指定的圈舍中休息，宰前休息目的是恢复牲畜在运输途中的疲劳。宰前休息一般不少于48h。

2. 停饲管理

生猪一般宰前12～24h停食，但必须保证饮水，直至宰前3h。

3. 宰前淋浴净体

生猪在致昏放血之前必须进行宰前淋浴。淋浴间设有不同方向和角度的喷水设施，要保证从不同方向将猪体冲洗干净。水温以20℃为宜，最好不使用冷水。水流压力不宜过大，以免引起惊恐不安，导致体内糖原的过量消耗，影响肉品质量；淋浴时间不宜过长，以淋洗干净为准，一般为3～5min。

4. 病死猪管理

候宰期间如发现病畜，首先诊断是普通病还是传染病。前者暂时隔离观察，加强饲养管理；后者则须立即处理。待宰生猪发生死亡，应立即送屠宰加工场，按其死亡原因作不同处置，如掩埋、焚化或炼制工业用油。确认为无碍于肉食安全且濒临死亡的生猪，视情况进行急宰。

四、屠宰加工工艺

合理的屠宰工艺流程、适当的加工方法、严格的兽医卫生检验和卫生管理是屠宰生猪获得符合卫生要求优质肉类产品的决定性条件。

（一）致昏

致昏是指生猪宰杀放血前，使其失去知觉，迅速进入昏迷状态，主要有活猪吊挂宰杀、电击致晕法、二氧化碳致晕法。电击致晕法需注意电击时间，从麻电致晕至刺杀放血不应超过

30s。生猪在高浓度二氧化碳窒息后进行放血操作，应激少，产生的肌肉痉挛少，肉品质较好，但成本高，操作人员不能进入麻醉室。

（二）宰杀放血

生猪致昏后应立即放血。放血的方式有横卧放血和倒挂垂直放血两种，从肉品卫生角度考虑，后者好于前者，且利于随后的加工。常用的放血方法有切断颈动、静脉法，真空刀放血法。切断颈动、静脉法刺杀部位应对准第一肋骨咽喉（颈与躯干分界处的中线）偏右 $0.5\sim1cm$ 处刺入，刀刃与猪体成 $15°\sim20°$，抽刀时向外偏转切断血管，同时扩大刀口至 $3\sim4cm$，放血时间为 $6\sim10min$。放血轨道和集血槽应有足够的长度，使放血充分。放血刀每次使用后都应消毒轮换使用。真空刀放血法是将具有抽气装置的"空心刀"插入事先在颈部沿气管切开的皮肤切口，穿过第一对肋骨中间直达右心。

（三）浸烫脱毛

放血后的猪体用喷淋或清洗冲淋，清洗血污、粪便及其他污物，然后浸烫脱毛。烫毛池呈长方形，池上装有推烫机。烫毛要根据猪的年龄、皮肤厚薄和季节的不同控制和掌握好烫池水的温度和浸烫时间。通常控制水温在 $58\sim63℃$，浸烫时间 $3\sim6min$，烫毛时要勤翻动，使猪体各部受热均匀，避免烫生、烫老，防止沉底。使用烫毛机时，每档放一头，不得多夹。烫好后依次进入下道工序。浸烫池应有溢水口和补充净水的装置。

脱毛的方法包括机器脱毛和人工脱毛。猪体进入脱毛机前，应先用手择毛，毛能择下时送入脱毛机脱毛，但要注意①控制脱毛机内淋水水温保持在 $30℃$ 左右；②特大、太小、烫老的猪不能进入脱毛机；③控制脱毛时间，防止打伤肌肉、皮下脂肪，打断骨头；④随时清理猪毛。机器脱毛完毕后放入清水池降温，并及时刨净猪头、大耳、肚皮、腿蹄的长、短毛和绒毛。然后迅速打"脚眼"，穿撑挡、上轨道。必要时还可经过燎毛、刮黑、冲淋工序。总之脱毛后，猪体必须达到皮肤净白，无毛、无污黑老皮和残断毛根。

（四）剥皮

部分屠宰企业根据生产需要对屠猪进行剥皮加工。剥皮前应彻底冲洗猪体，除去污物，头蹄另行脱毛。剥皮分为机械和手工两种方法。剥皮应避免损伤皮肤，防止污物和皮毛污染胴体。

（五）开膛与净腔

开膛前应在每头猪的耳部和前腿部外侧用变色笔编号，字迹应清晰。开膛、净腔是指剖开猪体胸腹腔并摘除内脏的操作工序，要求在脱毛或剥皮后立即进行。开膛、净腔应沿腹部中线剖开腹腔，摘除内脏，切忌划破胃肠、膀胱、胆囊，避免胆汁、粪汁流出污染胴体。胃肠内容物的污染往往是胴体沾染沙门氏菌、粪链球菌和其他肠道致病菌的主要来源。万一刺破以上脏器，胴体应立即修割和冲洗干净。

（六）去头蹄与劈半

去头即从头颈连接的环枕关节处卸下头部。去蹄即为从腕关节和跗关节卸下蹄爪。去头蹄操作中应保持切口整齐，避免出现骨屑。

劈半是沿脊椎将胴体劈成对称的两半，便于检验和冷冻加工及堆垛冷藏。劈半以劈开椎管，暴露脊椎为好。劈面要求平整、正直，不得左右弯曲或劈断（劈碎）脊椎，以免藏污纳垢。劈半后立即摘除肾脏，撕下腹腔板油，同时冲洗血污、浮毛、锯末等。

（七）整修

整修是屠宰加工不可少的工序，往往都是与胴体的复验同时进行，主要目的是除去小范围的病变组织、有害组织和影响肉品外观的部分。通常包括修刮胴体上残留毛根、伤痕、脓疮、斑点、淤血部及残留的膈肌、游离的脂肪，修整颈部放血刀口和胸腹边缘，摘除病变淋巴结、甲状腺、肾上腺，以及割净乳头和色素沉着物等。修整好的胴体达到无血、无毛、无污物，具有良好的商品外观。修割下来的肉屑或废弃物，应分别收集于容器内，送往指定的地方进行处理，严禁乱扔。经整修复验合格的胴体加盖检验印章，计量分级。

（八）内脏整理

内脏器官经检验后，应立即整理。尤其是胃肠，应尽快清除内容物，防止黏膜自溶后，不良气味和微生物进入胃肠壁内。割取胃时，应将食道和十二指肠留有一定的长度，以免胃内容物流出。分离肠道时，切忌撕裂。摘除附着在脏器上的脂肪组织和胰脏、淋巴结等。胃肠内容物必须集中在容器内或固定地点堆放，不得随地乱倒，污染场地。洗净后的内脏装入容器迅速冷却，不得长时间堆放，以免变质。

（九）皮张和鬃毛整理

皮张和鬃毛是有价值的工业原料，也是重要的污染源，要及时整理收集。皮张整理刮去血污、皮肌和脂肪，及时送往皮张加工车间。鬃毛除去混杂的皮屑，按毛色收集，及时运出车间摊开晾晒，待干后送加工点。

五、宰后检疫

检验主要通过宰后直接观察胴体、脏器所呈现的病理变化和异常现象，进行综合的分析判断。

（一）宰后检验的基本方法

1. 感官检验

（1）视检　肉眼观察胴体的皮肤、肌肉、胸腹膜、脂肪、骨骼、关节、天然孔及各种脏器的色泽、形状、大小、组织状态等是否正常，为进一步的剖检提供依据。

例如，皮肤、皮下组织、结膜、黏膜和脂肪组织发黄，表明病变为黄疸，仔细检查肝脏和造血器官有无病变；咽喉肿胀应注意炭疽、链球菌病和巴氏杆菌病；皮肤的病变应注意猪瘟、猪丹毒、猪肺疫等疫病；口腔黏膜和蹄部发现水疱、糜烂和溃疡，则应注意鉴别口蹄疫、水疱病等传染病。

（2）触检　用手或刀具触摸和触压，判定组织、器官的弹性和软硬度是否正常，并可以发现被检组织或器官深部的结节性病变。

（3）剖检　剖开被检组织和器官，检查其深层组织的结构和组织状态，这对淋巴结、肌肉、脂肪、脏器和所有病变组织的检查，探明病变的性质和程度是非常重要的。

（4）嗅检　探察动物的组织和脏器有无异常气味，以判定肉品卫生质量的一种检验方法。如屠猪生前患尿毒症，肌肉组织带有尿味；农药中毒、药物中毒或药物治疗后不久的猪肉，则带有特殊的气味或药味，这些异常气味只有依靠嗅觉才能做出正确的判断。

2. 实验室检验

感官检验不能立即判断疫病性质时，需进行实验室检验。常用的实验室检验方法有病理学、微生物学、寄生虫学和理化学检验。

（二）宰后检验的技术要求

为保证肉品的卫生质量和商品价值，剖检时只能在一定的部位进行，而且深浅适度，严禁乱划和拉锯式的切割。肌肉应顺纤维切开，非必要时不得横断，以免切口较大，破坏商品外观，导致细菌污染。对受检的淋巴结，应纵向切开，不要横切，尽量暴露较大的切面。当发现不明显的病变时，应将淋巴结采下，纵向切成薄片，仔细观察。当切开脏器或组织的病变部位时，要防止病变材料污染产品、场地、设备、器材和检验人员的手指等。检验人员在工作期间，每人应配备两套检验刀、钩，以便消毒后交替使用。被污染的器械在清除病变组织后，应立即进行消毒。在整个检验过程中，检验人员都应注意自身的防护。

（三）宰后检验要点

猪的宰后检验一般按检验顺序大致分为：头蹄检验、体表检验、内脏检验、寄生虫检验、胴体检验和出厂检验等。

1. 头蹄检查

观察吻突、齿龈和蹄部有无水疱、溃疡、烂斑等。猪的头部检验一般在放血后脱毛前，即在戳刀放血后 6min 左右进行。猪慢性炭疽表现为咽炭疽，咽淋巴结肿大。先沿放血刀口向下剖开，但不能剖伤气管；再剖检左右两侧颌下淋巴结，视检有无肿大、坏死灶（紫、黑、灰、黄），切面是否呈砖红色，周围有无水肿、胶样浸润等；并剖检左右两侧咬肌，检查有无囊虫寄生，然后检查咽喉黏膜会厌软骨和扁桃体有无病理变化。

2. 体表检查

由于猪瘟、猪丹毒、猪肺疫等大多数猪传染病在皮肤均有或多或少的特征性病变，特别是患疹块型丹毒猪的内脏器官病变往往不太明显，皮肤上有典型疹块。因此，需视检体表的完整性、颜色，检查有无皮肤病变、关节肿大等。

3. 内脏检验

猪的胃、肠和脾等脏器的检验，可在剖腹之后连在肉尸上进行，以便控制肠型炭疽等传染病。取出内脏前，观察胸腔、腹腔有无积液、粘连、纤维素性渗出物。检查脾脏、肠系膜淋巴结有无肠炭疽。心、肺、肝等脏器，可在胃、肠取下后放在检验台上进行对照检验，也可连在肉尸上检验。

（1）心脏　察看心脏外表色泽、大小、硬度，有无炎症、变性、出血、囊虫、心浆膜丝虫等病变。并触摸心肌有无异常，必要时剖切左心，检视二尖瓣有无花菜样疣状物。

（2）肺　主要观察肺外表的色泽、大小，有无充血气肿、水肿、出血、化脓、坏死、肺丝虫、肺吸虫或支原体肺炎等病变，并触检其弹性。须与因电麻时间过长或电压过高所造成的散在性出血点相区别。此外，还需注意屠宰放血时误伤气管而引起肺吸入血液或污水灌注（后者剖切后流出淡灰色污水并带有温热感），必要时剖检支气管淋巴结和肺实质，观察有无局灶性炭疽、肿瘤、小叶性或纤维素性肺炎等。

（3）肝脏　首先观察形状、大小、色泽，触检其弹性，观察有无淤血、肿胀、变形、黄染、坏死、硬化、肿物、结节、纤维素性渗出物、寄生虫等病变。其次剖检肝门淋巴结及左外叶肝胆管和肝实质，有无变性（在猪多见脂肪变性及颗粒变性）、瘀血、出血、纤维素性炎、硬变或肿瘤等病变，以及有无棘球蚴、细颈囊尾蚴等寄生虫或结节，必要时剖检胆囊。

（4）胃、肠、脾和肠系膜淋巴结　检验人员用左手抓住回盲部盲肠及肠系膜，向左侧牵引拉开，整个肠系膜淋巴结即可显露，右手用检验刀从肠系膜淋巴结左端剖检至右端，观察有无局灶性炭疽、弓形虫病或结核病，以及充血、出血、水肿等病变，并观察胃、肠外表浆膜和脾脏有无充血出血、肿胀、梗死或炎症等现象。与此同时检视皮下脂肪、子宫、乳房或阴囊等部位，有无传染病、寄生虫、黄疸、黄脂、红膘，以及公母猪特征等情况；发现可疑时须剖检腹股沟浅淋巴结、肾脏和膀胱，或做好标记，拉出流水线，在病害肉隔离室详加剖检，做出判定而处理。

（5）肾脏　一般连在胴体上，与胴体检验一并进行。首先剥离肾包膜，然后观察其外表，触检其弹性和硬度，如果发现某些病变时，或在其他脏器发现有某种传染病的可能时，剖开检查。

4. 寄生虫检验

寄生于猪并对人畜有较大危害的寄生虫，主要有旋毛虫、猪囊虫和猪肉孢子虫等。最常用的是显微镜检查法，镜检可检查旋毛虫、猪囊虫和猪肉孢子虫。开膛取出内脏后，在膈肌脚各取一块重量不小于 30g 的肉样，编上与胴体同一号码，送检验室检查。检验人员首先撕去肌膜，将肌肉纵向拉平，注意是否有呈水滴状或呈乳白色脂肪样外观的小点病灶。然后用剪刀顺着肌纤维在肉样的不同部位剪取 12 个麦粒大肉粒（两块肉样共剪取 24粒），依次附贴于玻片上，盖上另一玻片，用力压扁，然后将压片置于 50~60 倍的低倍显微镜下观察，逐个检查。

5. 胴体检验

肉眼观察为主，结合剖检腹股沟浅淋巴结，必要时剖检腹股沟深淋巴结、髂下淋巴结和肩前淋巴结，有无充血、水肿、出血、坏死或化脓等病变。然后，检查皮下脂肪、肌肉、胸腹腔浆膜，有无炎症、出血或寄生虫。放血不全或败血症的肉尸常有脂肪发红、肌肉呈暗红色；黄疸时肉尸的皮肤、脂肪、肌腱等均呈黄色。另外，还需要剖检两侧腰肌，仔细检查有无囊虫寄生。在检查肾脏和胸腹腔的同时，还应查看肋间肌和腹壁肌有无囊虫寄生。

6. 出厂检验

为了最大限度地控制有害肉和劣质肉出厂（场），胴体经上述检验后，还须经过一道复验。检验人员须对胴体各部位进行一次全面复查，尤其要注意观察脊柱骨断面有无脓肿、出血病变，有害腺体是否已摘除等，并做出最终的卫生评价。在实际的宰后检验中，这项工作通常同胴体的打等级、盖检印结合起来进行。

（四）宰后检验后处理

宰后发现各种恶性传染病时，其同群未宰猪的处理办法同宰前。如宰后发现炭疽等恶性传染病或疑似的病猪，应立即停止工作，封锁现场，采取防范措施，将可能被污染的场地、所有屠宰用的工具以及工作服（鞋、帽）等进行严格消毒。在保证消灭一切传染源后，方可恢复屠宰。患猪粪便、胃肠内容物以及流出的污水、残渣等应经消毒后移出场外。检验人员应将宰后检验结果及处理情况详细记录。

（五）加盖印记

通过对内脏、胴体的检疫，做出综合判断和处理意见；检疫合格，确认无动物疫病的鲜肉可进行分割和贮存。经检疫合格的胴体或肉品应加盖统一的检疫合格印章，并签发检疫合格证。

（六）宰后可追溯系统的关键溯源信息

（1）标签转换信息　屠宰日期、耳标号、胴体号。

（2）猪肉检验信息　检验日期、检验部门、检验结果、检验证号。

（3）胴体转出信息　转出日期、出库温度、转出目的地、运输车辆车牌号、车辆消毒证号。

（4）分割包装信息　使用包装材料名称、包装材料来源。

（5）溯源码打印信息　分割包装日期、分割班组号、胴体标签号、溯源条码号。

第二节　猪肉加工及贮藏
环节的质量控制

一、猪肉加工贮藏方法

猪肉加工保鲜的传统方法主要有干燥法、盐腌法（腌制法）、烟熏法等，现代贮藏方法主要有低温贮藏法、罐藏法、照射处理法、化学保藏法等。

（一）干燥法

干燥法又称脱水法，采取措施减少肉内水分或改变水分活性，阻碍微生物的生长发育而达到贮藏目的。各种微生物的生长繁殖一般需要40%～50%的水分。正常情况下猪肉的含水量大于70%左右，只有使含水量降低到20%以下或降低水分活性，才能延长贮藏期。

（1）自然风干法　将肉切块，挂在通风处自然干燥，如风干肉、风干肠等产品都要经过晾晒风干的过程。

（2）脱水干燥法　加工肉干、肉松等产品时，常利用烘烤方法，除去肉中水分，使含水量降到20％以下，可以贮存较长时间。

（3）添加溶质法　即在肉品中加入食盐、砂糖等溶质，降低肉中的水分活性，从而抑制微生物生长，如加工火腿、腌肉等产品。

（二）盐腌法

盐腌法主要通过食盐提高肉品的渗透压，脱去部分水分，并使肉品中的含氧量减少，造成不利于细菌生长繁殖的环境条件。食盐是肉品中常用的一种腌制剂，它不仅是重要的调味料，且具有防腐作用。食盐能抑制微生物的生长繁殖，但不能杀死微生物，而且有些细菌的耐盐性较强，单用食盐腌制不能达到长期保存的目的。因此，防腐需结合其他方法，如在低温下进行食盐腌制肉类，或将盐腌法与干燥法结合制作各种风味的腊肉制品。

（三）烟熏法

烟熏法常与加热一起进行。当温度为0℃时，浓度较淡的熏烟对细菌影响不大；温度达到13℃以上、浓度较高的熏烟能显著降低微生物的数量；温度达到60℃时，无论熏烟浓淡，均能将微生物的数量降低到原数量的万分之一。熏烟中具有抑菌防腐和防止肉品氧化的成分，经过烟熏的肉类制品均有较好的耐贮藏性，并使肉制品表面形成稳定的腌肉色泽。由于熏烟中还含有害成分，因此可除去熏烟中大部分多环烷类化合物，仅保留能赋予烟熏制品特殊风味、有保藏作用的酸、酚、醇、碳类化合物，制成烟熏溶液。

（四）低温贮藏法

低温贮藏法在冷库或冰箱中进行，是肉和肉制品贮藏中最为实用的一种方法。在低温条件下，尤其是当温度降到−10℃以下时，肉中的水分就结成冰，造成细菌不能生长发育的环境。但当肉被解冻复原时，由于温度升高和肉汁渗出，细菌又开始生长繁殖。所以，利用低温贮藏肉品时，必须保持一定的低温，直到食用或加工时为止，否则就不能保证肉的质量。肉的冷藏可分为冷却肉和冷冻肉两种。冷却主要用于短时间存放的肉品，通常使肉中心温度降低到0～1℃。肉放入冷库前，先将库（箱）温度降到−4℃左右，放入后，保持在−1～0℃，可保存5～7d。冷冻是将肉品快速、深度冷冻，肉中大部分水冻结成冰。一般采用−23℃以下的温度，并在−18℃左右贮藏。为提高冷冻肉的质量，使其解冻后恢复原有的滋味和营养价值，也可采用速冻法，即将肉放入−40℃的速冻间，使肉温很快降至−18℃以下，然后移入冷藏室。冷藏温度越低，贮藏时间越长。在−18℃条件下，可保存4个月；在−30℃条件下，可保存10个月左右。

二、猪肉冷库贮藏环节的安全风险来源及控制

猪肉冷库贮藏的安全风险主要来自管理人员素质、消毒措施合理性、制冷及控温设备故障、冷藏温度控制和异常情况处理等因素，这些因素需要重点控制。

（一）管理人员素质

冷库经营管理人员应提高科学管理水平，加强冷库操作人员的卫生意识教育及冷库卫生管理，通过企业制度的制订和执行来规范员工操作程序，采取各种激励或惩罚措施，防止因员工违规操作造成的猪肉产品损害。

（二）消毒措施合理性

合理的消毒措施应包括合理的消毒管理制度、消毒程序、消毒液成分等内容，应科学评价消毒措施的合理性。

（三）制冷及控温设备故障

制冷及控温设备是保证冷库正常运转最重要的条件。相关设备操作和维护人员应定期检查并记录设备运转情况，监测设备是否正常运转，若出现故障或潜在故障，应采取措施排除故障。

（四）冷藏温度控制

屠宰加工企业生产的猪肉需要进入冷库才可保证猪肉的安全性。冷库分为三种：第一种是 0～4℃ 的排酸库，用于白条屠宰后降温及熟化使用，一般 12～24h 即可达到熟化要求。第二种是 −28℃ 以下的速冻库，对于需要长期保存的冻品，在包装后首先进入速冻库迅速降温，降温的时间根据产品数量及厚度来定，具体是检测冻肉中心温度达到 −18℃ 以下时就可转入冷藏库保存。第三种就是 −18℃ 以下的冷藏库，用于冻品的较长期保存，一般冻品保质期不得超过一年，具体要根据产品及要求来定。冷库温度是肉品保证的第一要素，因此，需要严格控制冷藏温度，可执行冷库日常维修制度和冷库管理制度，尽量减少冷库开关门次数和时间，冷库门口要挂门帘，冻肉较多时要采用合理的堆码方式，保持墙距和顶距等要求，以符合气流组织要求等。

（五）异常情况处理

当冷库出现设备或产品异常时，应按照合理的程序，在最短的时间内排除异常因素，使冷库恢复正常运转。

三、猪肉品质感官检验及检测

肉新鲜度的检验，一般从感官性状、腐败分解产物的特性和数量、细菌的污染程度等三方面来进行。只有采用感官检验和实验室检验的综合方法，才能比较客观地对肉的卫生状况做出正确的判断。

（一）感官检验

感官检验是借助人的嗅觉、视觉、触觉、味觉来鉴定肉的卫生质量。感官检验项目包括色泽、黏度、气味、弹性、脂肪状态和肉汤，最后进行综合分析（表5-1）。

表5-1　肉新鲜度的感官检验

鉴别项目	新鲜猪肉	次鲜猪肉	变质猪肉
色泽、黏度	表面有一层微干或微湿润的外膜，呈淡红色，有光泽，切断面稍湿，不黏手，肉汁透明	表面有一层风干或潮湿的外膜，呈暗灰色，无光泽，切断面的色泽比新鲜的肉暗，有黏性，肉汁混浊	表面外膜极度干燥或黏手，呈灰色或淡绿色，发黏并有霉变现象，切断面也呈暗灰或淡绿色，很黏，肉汁严重混浊
气味	具有鲜猪肉正常的气味	在肉的表面能嗅到轻微的氨味、酸味或酸霉味，但在肉的深层却没有这些气味	腐败变质的肉，不论在肉的表层还是深层均有腐臭气味
弹性	肉质地紧密且富有弹性，用手指按压凹陷后会立即复原	肉质比新鲜肉柔软，弹性小，用手指按压凹陷后不能完全复原	手指按压后凹陷，不但不复原，有时手指还可以把肉刺穿

（续）

鉴别项目	新鲜猪肉	次鲜猪肉	变质猪肉
脂肪	脂肪呈白色，具有光泽，有时呈肌肉红色，柔软而富有弹性	脂肪呈灰色，无光泽，容易黏手，有时略带酸败味和哈喇味	脂肪表面污秽，有黏液，常霉变呈淡绿色，脂肪组织很软，具有油脂酸败气味
肉汤	肉汤透明、芳香，汤表面聚集大量油滴，油脂的气味和滋味鲜美	肉汤混浊，汤表面浮油滴较少，没有鲜香的滋味，常略有轻微的油脂酸败和霉变气味	肉汤极混浊，汤内漂浮着有如絮状的烂肉片，汤表面几乎无油滴，具有浓厚的油脂酸败或显著的腐败臭味

（二）实验室检查

1. 金属探测检验

注射治疗用的针头或吞食饲料中的金属碎片可能遗留在体内，屠宰加工过程中生产设备和器具损坏等产生的金属碎片均易混入猪肉中。通过金属探测器可以探测出金属碎片，降低危害。常用的金属探测方法有使用猪肉金属探测仪、金属探测检验。猪肉金属探测仪主要用于检测鲜猪肉是否有铁丝、铁碎屑或铝、铜、不锈钢等各种金属杂质。猪肉金属探测仪可与生产流水线连接配套使用，实行流水线自动检测肉品中的金属碎片。屠宰加工企业一般在鲜猪肉进入冷库贮藏前，必须进行金属探测检验，以确保猪肉质量，降低对消费者的直接伤害。

2. 挥发性盐基氮的测定（半微量凯氏定氮法）

挥发性盐基氮是指动物性食品由于酶和细菌的作用，在腐败过程中，使蛋白质分解而产生氨及胺类等碱性含氮物质。可用实验室方法测定挥发性盐基氮含量。将试样除去脂肪、骨及腱后，切碎搅匀，称取 10g 置于三角瓶中，加 100mL 水，浸渍 30min，并不断振摇。然后过滤，滤液置冰箱中备用。预先将盛有 10mL10g/L 的硼酸溶液并加有 5～6 滴混合指示剂的锥形瓶置于冷凝管下端，并使其下端插入锥形瓶内吸收液的液面下。吸取 5.0mL 上述试样滤液于蒸馏器反应室内，加入 5mL10g/L 的氧化镁悬液，迅速盖塞，并加水以防漏气，通入蒸汽，待蒸汽充满蒸馏器内时即关闭蒸汽出口管，由冷凝管出现第一滴冷凝水开始计时，蒸馏 5min 即停止，吸收液用 0.01mol/L 盐酸标准溶液滴定，至蓝紫色。同时做空白试验。

试样中挥发性盐基氮的含量按下式计算：

$$X = \frac{(V_1 - V_2) \times C \times 14}{m \times \frac{5}{100}} \times 100\%$$

式中，X——每百克试样中挥发性盐基氮的含量（mg）；

V_1——测定样液消耗盐酸标准溶液体积（mL）；

V_2——试剂空白消耗盐酸标准溶液体积（mL）；

C——盐酸标准溶液的摩尔浓度（mol/L）；

14——1mol/L 盐酸标准溶液 1mL 相当氮的毫克数。

第三节　猪肉配送的安全管理

一、运输工具的选择与卫生要求

（一）运输工具的选择

根据冷却肉或冷冻肉的特点和卫生需要，猪肉在运输过程中应保持冷藏状态。冷却猪肉（胴体劈半肉或分割肉）短途运输可采用保温车，长途运输应采用冷藏车，吊挂式运输，装卸时严禁脚踏、触地。冷冻分割肉应采用保温车运输，肉始终处于冻结状态，到目的地时，肉温不得高于−8℃。

冷藏车在使用前应检查保温设施。在运输前还应对待装猪肉产品的温度进行检查，使猪肉产品的温度低于车厢内的温度。为控制温度最小范围上升，装卸工作要迅速。

猪肉运输必须使用专用车辆，严禁与农药、化肥、化工产品及其他有毒有害物质混载，也不得使用运载过上述物品的运输工具。运输肉品的车辆，不得用于运输活的动物或其他可能影响肉品质量或污染肉品的产品，也不得同车运输其他产品。

（二）运输工具的卫生要求

运输车辆在上货前和卸货后应及时进行清洗和消毒。发货前，检疫人员必须对运输车辆及搬运条件进行检查，检查是否符合卫生要求，检查胴体劈半肉或分割肉一维条码是否完整，并签发运输检疫证明。运输车辆要求如下。

（1）内表面及可能与肉品接触的部分必须用防腐材料制成，从而不会改变肉品的理化特性，或危害人体健康。内表面必须光滑，易于清洗和消毒。

（2）配备适当装置，防止肉品与昆虫、灰尘接触，且要防水。

（3）对于运输的冷却片猪肉，必须用防腐支架装置，以悬挂式运输，其高度以鲜肉不接触车厢底为宜。

二、猪肉配送的安全风险控制

（一）猪肉品质检测管理

由于猪肉配送途中不适合用常规的实验室仪器设备进行检测，一般都采用感官检测。但目前很多配送企业的检测意识差，因此，管理人员应提高检测管理意识，加强配送和仓储中猪肉的便捷检测管理，以控制猪肉配送的安全风险。

（二）贮运过程记录

配送企业应使用温度记录仪对配送过程中的温度进行必要的记录，各流程接口应交接相关记录并做好交接记录，以便随时监控配送过程中猪肉的品质，降低安全风险。

（三）控温设备

冷却猪肉配送需要将温度控制在 $0\sim4℃$，冷冻肉则需要控制在 $-15℃$ 或更低的温度。应强化温控设备的检修和校正制度。

（四）消毒计划执行

运输工具在装载前和卸载后应及时清洗消毒，才能保证运输工具内不会大量滋长微生物。按时、按程序消毒。

（五）操作人员素质

加强操作人员的安全知识培训，做好过程记录，实行业绩考核，提高操作人员素质。

（六）异常情况处理

配送企业应具有一定的应急反应能力，在出现设备故障、交通事故等异常情况时，配送人员应采取及时有效措施将损失降至最低程度，尽可能优先保证货柜内温度。

（七）直接接触猪肉的材料卫生

直接接触猪肉的材料（包括车厢内壁、冷却肉的吊挂钩、冻肉的包装材料等）应符合食品包装卫生要求，必须为无毒、不释放有毒气体的材料。同时，在配送前后应彻底清洗，防止微生物对猪肉的二次污染。

第四节 猪肉销售环节的安全控制

一、保证猪肉采购品质

销售商通过索取猪肉条形码、合格证明、猪肉运输记录、猪肉品质检测证明等措施来保证采购品质安全的猪肉。采购猪肉时应对供货商的资质单证、商品质量、送货能力等进行查询和评价，包括营业执照、生产许可证、产品准产证、卫生许可证、猪肉官方检验合格证明、产品标准号、有关认证证明、定点屠宰加工企业证明等。

二、严格执行消毒计划

销售商执行严格的消毒计划，保证每次销售的猪肉少受器具和空气的污染。

三、提高人员素质

管理人员应增强自身的食品安全意识，对企业执行严格的质量管理，从场地卫生、人员培训、消毒控制、产品检测等方面进行全面的质量管理。操作人员应参加食品安全相关培训，获得资质，健康体检合格后方可从业，尤其是分割、称重和包装等操作人员应掌握标准的操作规范。

四、过程记录

做到销售过程记录，包括常规的商业记录和品质控制记录，特别是销售过程中猪肉温度的记录，并在出现偏差时及时采取纠偏措施。

五、控制温度

温度控制技术是控制猪肉品质与安全的关键技术之一。在猪肉销售的每个环节都要尽可能使猪肉保持低温状态。超市和专卖店的封闭式冷柜一般都能较好地控制温度，但敞开式冷柜需要开启风幕，保证冷柜外部猪肉处于低温。

六、消费者认知

消费者在购买猪肉过程中经常会用手接触猪肉，应给消费者提供架子、托盘等物品；此外，应在卖场通过宣传、引导等方式增强消费者的安全风险意识，这也是销售企业应尽的社会义务。

参 考 文 献

董娜，2022. 规模猪场生物安全防控体系建设与疫病防控措施［J］. 畜牧兽医科技信息，552 (12)：154-156.

国长河，2016. 猪的人工授精优越性和操作技术［J］. 中国畜禽种业，12 (4)：51.

贺琳琳，2021. 试论降低育肥猪养殖成本的技术措施［J］. 饲料博览，350 (6)：70-71.

胡浩，江光辉，戈阳，2022. 中国生猪养殖业高质量发展的现实需求、内涵特征与路径选择［J］. 农业经济问题，516 (12)：32-44.

孔祥峰，印遇龙，伍国耀，2009. 猪功能性氨基酸营养研究进展［J］. 动物营养学报，21 (1)：1-7.

李敏，章丽晶，成德莲，等，2022. 基础免疫对猪主要疫病净化的重要性［J］. 吉林畜牧兽医，43 (10)：23-24.

梁小军，王缠石，陈明星，等，2023. 猪周期对生猪产业的影响及应对策略［J］. 特种经济动植物，26 (2)：61-65.

刘海凤，张曦，陶琳丽，等，2009. 猪肉品质的营养调控研究进展［J］. 中国畜牧兽医，36 (10)：184-187.

毛戊生，2019. 猪病治疗中正确合理使用兽药［J］. 中兽医学杂志，207 (2)：69-70.

前田博之，余炉善，1989. 猪正常肉和生理异常肉死后变化的形态学特征［J］. 肉类研究 (3)：3.

石彦东，2023. 哺乳母猪的营养调控与管理措施［J］. 今日畜牧兽医，39 (1)：74-76.

谭莹，刘杏兰，2022. 生猪疫病对中国猪肉价格冲击和溢出效应的比较研究［J］. 价格月刊，545 (10)：37-44.

王军，丁维民，2022. 安徽某规模猪场猪伪狂犬病的净化实践与探索［J］. 养殖与饲料，21（10）：95-98.

吴金节，王勇，2001. 早期断奶应激对仔猪某些血清激素水平及细胞免疫功能的影响［J］. 中国兽医学报，21（2）：3.

熊家军，李家连，张苗苗，2009. 健康养猪关键技术精解［M］. 北京：化学工业出版社.

周天墨，诸云强，付强，等，2014. 中国分省主要畜种产污系数数据集［J］. 地理学报，6（9）：10.

Baxter E，Rutherford K，D'Eath R，et al，2013. The welfare implications of large litter size in the domestic pig II：management factors［J］. Animal Welfare，22（2），219-238.

BurrinúnD C，Stoll B，Jiang R，et al，2000. Minimal enteral nutrient requirements for intestinal growth in neonatal piglets. How much is enough ［J］. American Journal of Clinical Nutrition（71）：1603-1610.

Dorman H J D，Deans S G，2000. Antimicrobial agents from plants：antibacterial activity of plant volatile oils［J］. Journal of applied microbiology，88（2）：308-316.

Eissen J J，Kanis E，Kemp B，2000. Sow factors affecting voluntary feed intake during lactation［J］. Livestock Production Science，64（2/3）：147-165.

Goldstein R M，Hebiguchi T，Luk G D，et al，1985. The effects of total parenteral nutrition on gastrointestinal growth and development ［J］. Journal of Pediatric Surgery（20）：785-791.

John Gadd，周绪斌，张佳，等，2015. 现代养猪生产技术——告诉你猪场盈利的秘诀［M］. 北京：中国农业出版社.

Sreekrishnan T R，Kohli S，Rana V，2004. Enhancement of biogas production from solid substrates using different techniques——a review［J］. Bioresource technology，95（1）：1-10.

Zhang T，Mao C，Zhai N，et al，2015. Influence of initial pH on thermophilic anaerobic co-digestion of swine manure and maize stalk［J］. Waste Management（35）：119-126.